Uwe Bergmann

TRAINING

Differentialrechnung

Sekundarstufe II

Beilage: Lösungsheft

Ernst Klett Verlag
Stuttgart Düsseldorf Leipzig

Die Beilage zu diesem Heft besteht aus dem Lösungsheft und einer lose beigelegten Formelsammlung.

9 783129 220252

Die Deutsche Bibliothek – CIP-Einheitsaufnahme

Ein Titeldatensatz für diese Publikation ist bei
Der Deutschen Bibliothek erhältlich

Auflage 11. | 2004
Die letzten Zahlen bezeichnen jeweils die Auflage und das Jahr
des Druckes.

Internetadresse: http://www.klett-lerntraining.de
E-Mail: klett-kundenservice@klett-mail.de
Satz: Zechnersche Buchdruckerei, Speyer
Druck: Wilhelm Röck, Weinsberg
Abbildungen: Karola Bergmann, Wolfenbüttel
Innengestaltung: Hitz und Mahn, Stuttgart
Einbandgestaltung: Bayerl & Ost, Frankfurt a. M.
ISBN 3-12-922025-9

Inhaltsverzeichnis

Gehören Sie auch zu den Schülern, die mit Mathe so ihre Probleme haben und die Mathe in der Oberstufe allenfalls noch als ein notwendiges Übel ansehen, das man möglichst schnell loswerden möchte?
Dann wissen Sie sicherlich aber auch, daß die Mathematik und insbesondere die Differentialrechnung im Grundstudium vieler Studiengänge und in vielen Ausbildungsprogrammen wieder vorkommt. Es hat also keinen Sinn, den Kopf in den Sand zu stecken und abzuwarten. Sie sollten sich lieber der Sache stellen und sie anpacken.

Dieses Trainingsbuch ist eine **Lernhilfe,** das heißt, Lernen müssen Sie zwar selbst, das Buch kann Ihnen aber dabei helfen.
Das Buch ist so angelegt, daß **Aufgaben** und **Anwendungen** zur Differentialrechnung im Vordergrund stehen. Ganz ohne Herleitungen und Beweise kommt man aber nicht aus. In diesen eher theoretischen Abschnitten wird jedoch auf Spitzfindigkeiten verzichtet, es wird der **Regelfall** betrachtet, weniger die Ausnahme. Sie sollen dadurch den roten Faden erkennen, ohne daß der Blick durch die vielen Randprobleme abgelenkt wird.

Erfahrungsgemäß unterlaufen **Fehler** häufig dann, wenn man sich unsicher fühlt. Das kann auch an mangelnden Fertigkeiten beim Rechnen, Umformen von Termen oder Lösungen von Gleichungen liegen. Hier hilft nur eins: Üben. Sie finden daher eine Fülle von **Übungsaufgaben,** von denen Sie möglichst viele lösen sollten. Falls Sie aber bei einer Aufgabe mit sechs oder acht ähnlichen Teilaufgaben schon vier oder fünf fehlerlos gelöst haben, dürfen Sie die übrigen ruhig einmal weglassen.

Grundsätzlich sollten Sie die Kapitel und Aufgaben in der **vorgegebenen Reihenfolge** bearbeiten. Kapitel 9 wird von manchen Lehrern jedoch zu einem anderen Zeitpunkt behandelt. Sie können es deshalb auch je nach Bedarf vorher schon bearbeiten oder sogar zunächst auslassen.

Die wichtigsten auftretenden **Formeln** sind auf einem gesonderten Blatt zusammmengestellt. Sie können das Blatt herausnehmen und beim Lösen der Aufgaben als Gedächtnisstütze benutzen.

Hier noch einige Hinweise, wie Sie mit dem Buch arbeiten sollten.

- Lesen Sie die einzelnen Aufgaben bzw. Aufgabenteile gründlich durch und notieren Sie die Lösungen (ggf. auch im Buch, falls Leerstellen vorhanden sind).
  Bei umfangreicheren Aufgaben ist die Notierung des vollständigen Lösungsweges zur besseren Kontrolle notwendig.
- Befragen Sie nur dann das Lösungsheft, wenn Sie trotz ernsthafter Bemühungen nicht weiterkommen. Sie bringen sich sonst um den Lernerfolg.
- Arbeiten Sie nicht länger als eine Stunde, dafür aber regelmäßig.
- Überfliegen Sie bei jedem Neubeginn die schon bearbeiteten Teile.

1. Das Tangentenproblem

Das Tangentenproblem – eine Tangente an einen Funktionsgraphen zeichnen zu können – ist der Ausgangspunkt für die gesamte Differentialrechnung. Seine Lösung führt zum Begriff der Ableitung, einem zentralen Begriff der Analysis. Den Zugang zum anderen Teil der Analysis, der Integralrechnung, eröffnet ebenfalls eine zunächst unlösbar erscheinende Aufgabe, nämlich das Flächenproblem – Bestimmung des Flächeninhalts unter einem Funktionsgraphen.

1

a) Zeichne den Graphen der Funktion $x \mapsto y = x^2$ im Intervall [0; 2] (Einheit 2 cm).

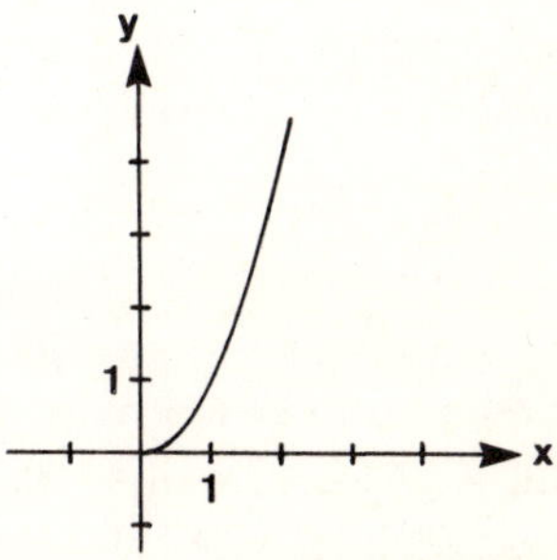

b) Auf dem Graphen liegt der Punkt $P(1|1)$. Zeichne, so gut es geht, im Punkt P die Tangente an den Funktionsgraphen. Welche Schwierigkeit taucht dabei auf?

c) Versuche dasselbe im Punkt $Q(2|4)$.

Anscheinend ist es gar nicht so einfach, eine Tangente an einen Funktionsgraphen zu zeichnen. Insbesondere dann, wenn man als Anhaltspunkt lediglich den Berührpunkt, hier P, kennt. Zur weiteren Lösung des Problems, das man verkürzt auch „Zeichne eine Tangente an einen Graphen in einem gegebenen Punkt" nennen könnte, wollen wir uns zunächst über Geradengleichungen informieren.

Aus der Mittelstufe wissen Sie, daß der Graph einer linearen Funktion $x \mapsto y = mx + b$ eine **Gerade** ist. Dabei gibt der Faktor **m** die **Steigung** der Geraden an und der Summand **b** den **Schnittpunkt** der Geraden mit der y-Achse (y-Achsen-Abschnitt).

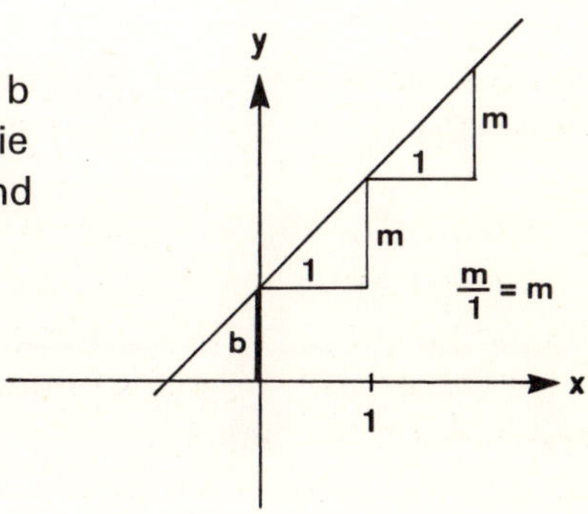

2

Bestimme die Steigung m anhand des eingezeichneten Steigungsdreiecks.

a)

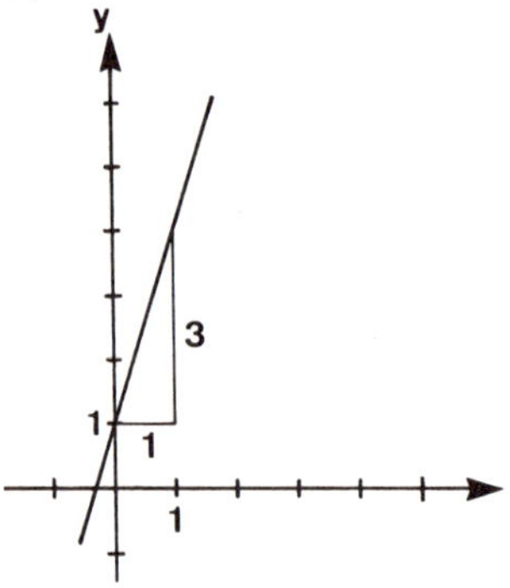

b)

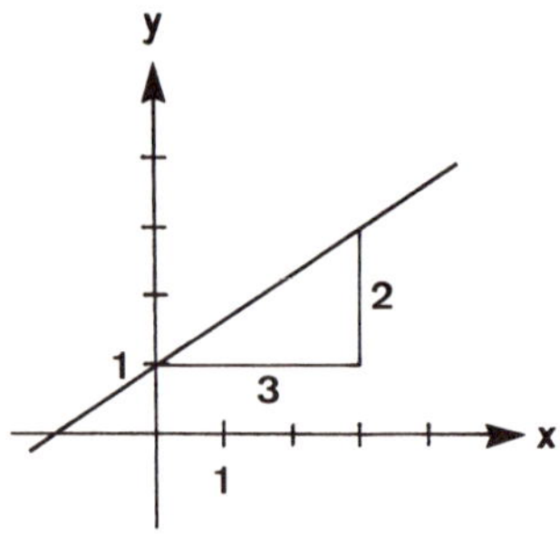

c)

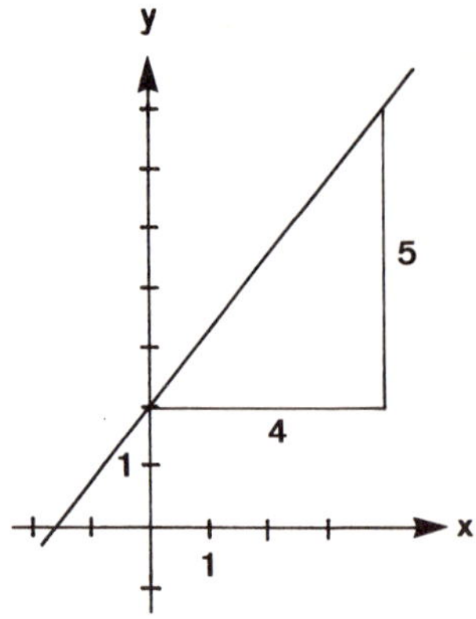

3

Lies Steigung m und y-Achsen-Abschnitt b bei folgenden Geraden ab und gib jeweils die Funktionsgleichung an.

a)

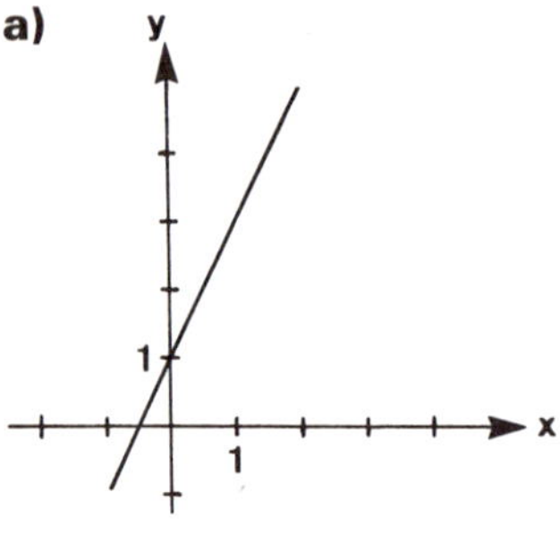

b)

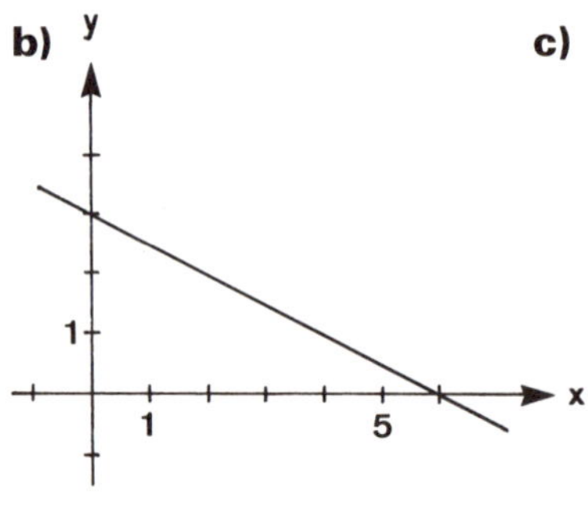

c)

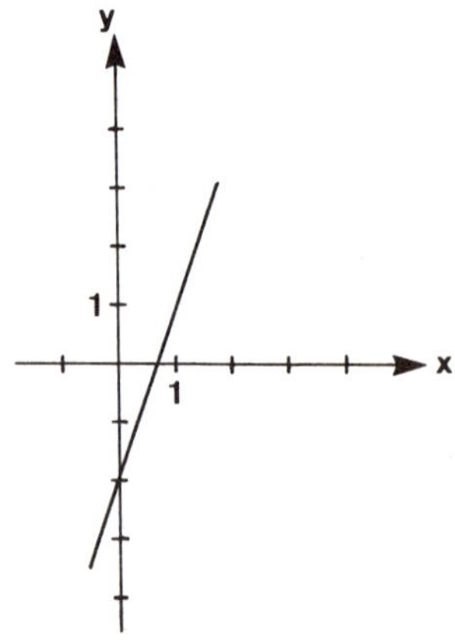

d)

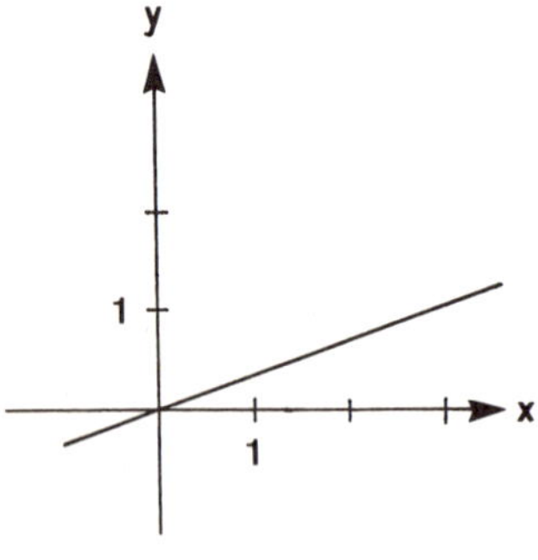

e)

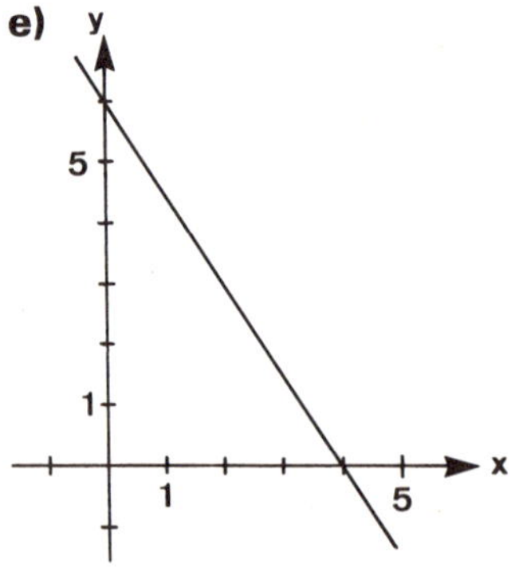

f)

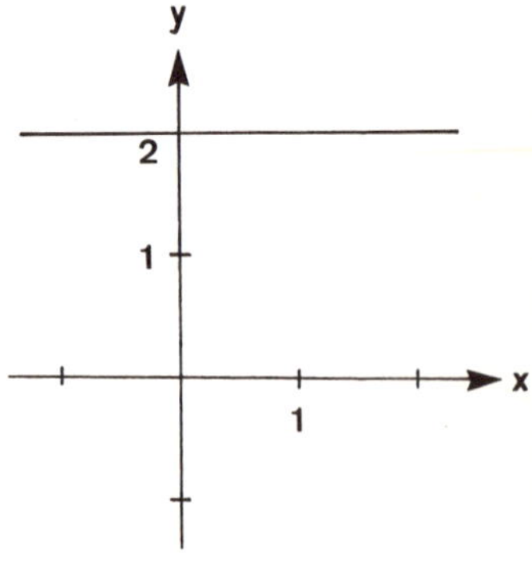

4

Gegeben ist die Funktionsgleichung der linearen Funktion $x \mapsto y = -2x + 3$.

a) Zeichne ein geeignetes Koordinatensystem und markiere den y-Achsen-Abschnitt b.

b) Zeichne ein **Steigungsdreieck:** Gehe vom y-Achsen-Abschnitt aus eine Einheit nach rechts und zwei Einheiten nach unten (negative Steigung).

c) Trage nun die Gerade ein.

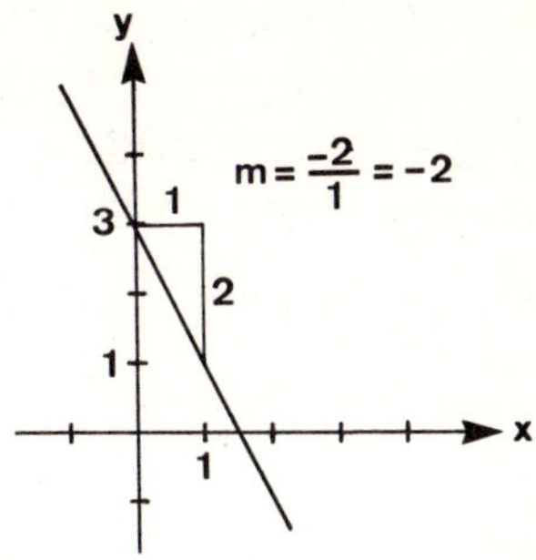

5

Zeichne entsprechend die Graphen der linearen Funktionen:

a) $x \mapsto y = 2{,}5x - 5$

b) $x \mapsto y = 0{,}4x + 1$

c) $x \mapsto y = \frac{5}{4}x - 3$

d) $x \mapsto y = -\frac{2}{3}x$

e) $x \mapsto y = x - 3{,}8$

f) $x \mapsto y = 1$

6

a) Zeichne eine Gerade durch die Punkte A(2|2) und B(5|7).

b) Man kann auch ein Steigungsdreieck angeben, das A und B als Eckpunkte besitzt. Bestätige, daß zwei seiner Seitenlängen wie in der Abbildung errechenbar sind.

c) Berechne daraus die Steigung.

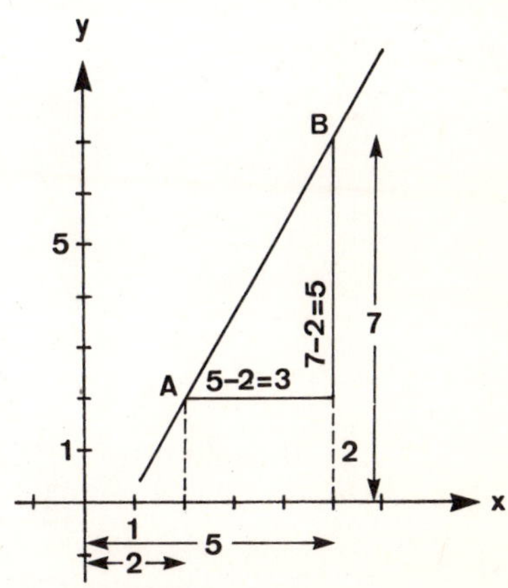

Wie Sie in Aufgabe 6 gesehen haben, kann man die Steigung einer durch zwei Punkte gegebenen Gerade berechnen. Wir wollen nun dasselbe allgemein für beliebige Punkte durchführen.

7

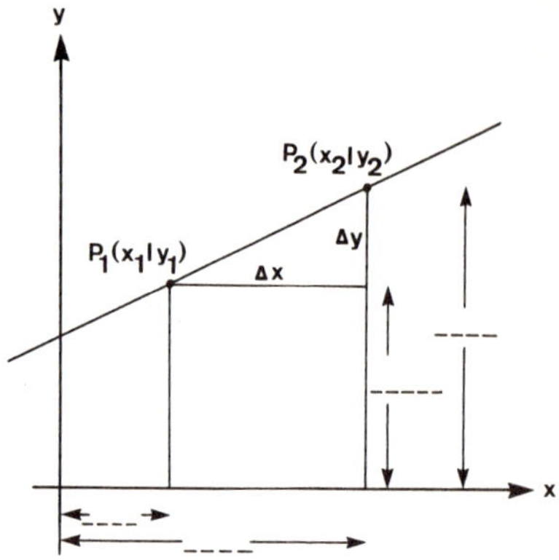

a) Eine Gerade sei durch die beiden Punkte $P_1(x_1|y_1)$ und $P_2(x_2|y_2)$ $(P_1 \neq P_2)$ festgelegt.
Trage in der Abbildung die Bezeichnungen der Strecken x_1, x_2, ... ein.

b) Wie groß sind dann Δx und Δy?

c) Welcher Term beschreibt die Geradensteigung?

Die Steigung m einer Geraden, die durch die voneinander verschiedenen Punkte $P_1(x_1|y_1)$ und $P_2(x_2|y_2)$ festgelegt wird, ergibt sich als

$$m = \frac{\Delta y}{\Delta x} = \frac{y_2 - y_1}{x_2 - x_1}.$$

Dieser Term heißt **Differenzenquotient.**

8

Berechne mit Hilfe des Differenzenquotienten die Steigung der Geraden durch die gegebenen Punkte.

a) $P_1(2|4)$, $P_2(3|8)$

b) $P_1(-3|5)$, $P_2(4|1)$

c) $A(0|6)$, $B(2|-2)$

d) $P(-10|0)$, $Q(-4|-6)$

9

a) Berechne die Steigung m der Geraden durch die Punkte $A(1|3)$ und $B(4|9)$.

b) Zur Bestimmung von b gehen wir nun so vor:
Da der Punkt A auf der Geraden liegt, müssen seine Koordinaten die Funktionsgleichung erfüllen.
Einsetzen der Koordinaten von $A(x=1|y=3)$ und der Steigung $m=2$ in die allgemeine Geradengleichung $y = mx + b$ liefert
$3 = 2 \cdot 1 + b$.
Berechne daraus b.

c) Mache dasselbe mit den Koordinaten von B. Welchen Wert für b erhält man nun?

10

Berechne jeweils b bei den Geraden von Aufgabe 8.

Durch zwei voneinander verschiedene Punkte ist eine Gerade eindeutig festgelegt. Hat man ihre Steigung m mit Hilfe des Differenzenquotienten ermittelt, so läßt sich dann auch der y-Achsen-Abschnitt berechnen, indem man m und die Koordinaten eines der gegebenen Punkte in die allgemeine Geradengleichung einsetzt und die Gleichung nach b auflöst.

11

Bestimme die Gleichungen der durch die Punkte festgelegten Geraden.

a) $P_1(2|-1)$, $P_2(6|1)$

b) $A(1|7)$, $B(-2|-2)$

c) $C(0|-5)$, $D(-4|8)$

d) $P(3|4{,}5)$, $Q(-2|-3)$

Bemerkung: Neben der bisher angewandten Methode läßt sich die Geradengleichung auch noch auf andere Arten ermitteln. Beispielsweise kann man die Koordinaten der gegebenen Punkte jeweils in die allgemeine Gleichung $y = mx + b$ einsetzen. Dadurch erhält man ein lineares Gleichungssystem, bestehend aus zwei Gleichungen mit den Variablen m und b, das zu lösen wäre.

12

In der Abbildung sehen Sie noch einmal eine Gerade, die durch die vorgegebenen Punkte $P_1(x_1|y_1)$ und $P_2(x_2|y_2)$ verläuft.

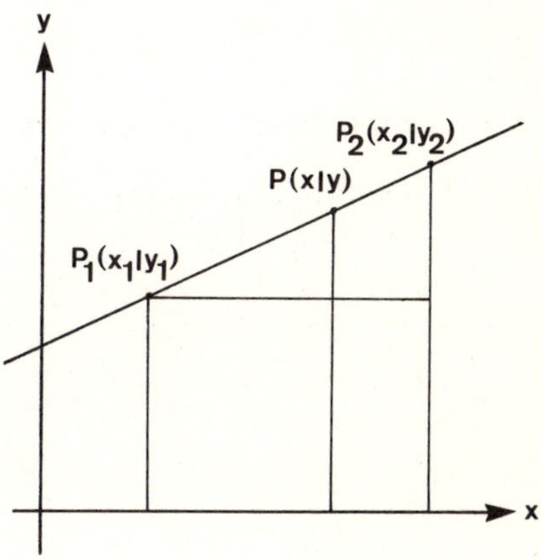

a) Schreibe die Steigung m als Differenzenquotient auf.

b) Der beliebige Punkt $P(x|y)$ liege ebenfalls auf der Geraden. Gib den Differenzenquotienten für die Punkte P_1 und P an.

Da auf einer Geraden die Steigung überall gleich groß ist, führen die beiden Differenzenquotienten auf denselben Wert, sind also gleich. Folglich gilt:

$$\frac{y-y_1}{x-x_1} = \frac{y_2-y_1}{x_2-x_1}$$

Diese Gleichung heißt die **Zwei-Punkte-Form** der Geradengleichung.

Kennt man die Koordinaten zweier Punkte, so läßt sich die Gleichung der zugehörigen Gerade mit Hilfe der Zwei-Punkte-Form leicht ermitteln.

Beispiel:

$A(3|4)$, $B(6|10)$

Einsetzen in die Zwei-Punkte-Form liefert:

$$\frac{y-4}{x-3} = \frac{10-4}{6-3} = \frac{6}{3} = 2$$

Wir lösen die Gleichung

$$\frac{y-4}{x-3} = 2$$

nach y auf und erhalten

$$y-4 = 2(x-3)$$
$$y = 2x-2.$$

Probe: Einsetzen der Koordinaten:

$A(3|4)$: $4 = 2\cdot 3-2$ wahre Aussage
$B(6|10)$: $10 = 2\cdot 6-2$ wahre Aussage

Also geht die Gerade durch A und B.

13

Ermittle entsprechend die zugehörigen Geradengleichungen. Überprüfe die Richtigkeit der Rechnung durch Einsetzen der Koordinaten der gegebenen Punkte.

a) $A(4|3)$, $B(-8|0)$

b) $C(-3|8)$, $D(1|-4)$

c) $P(-3|-7)$, $Q(6|2)$

d) $P_1(-6|2)$, $P_2(6|-4)$

14

In der Zwei-Punkte-Form der Geradengleichung

$$\frac{y-y_1}{x-x_1}=\frac{y_2-y_1}{x_2-x_1}$$

steht rechts vom Gleichheitszeichen der Ihnen schon bekannte Differenzenquotient. Mithin steht hier auch die Steigung m der Gerade und wir können schreiben:

$$\boxed{\frac{y-y_1}{x-x_1}=m}$$

Diese Gleichung heißt die **Punkt-Steigungs-Form** der Geradengleichung. Um hieraus eine spezielle Geradengleichung aufstellen zu können, benötigt man die Koordinaten eines Punktes $P_1(x_1|y_1)$ und die Steigung der Geraden.

Gib die Gleichungen der zugehörigen Geraden an:

a) $A(3|7)$, $m=2$

b) $P(-1|9)$, $m=-4$

c) $Z(0|4)$, $m=-1{,}5$

d) $B(-2|-2)$, $m=3$

Wir haben nun schon drei Formen von Geradengleichungen betrachtet,

die allgemeine Form $y=mx+b$,

die Zwei-Punkte-Form $\frac{y-y_1}{x-x_1}=\frac{y_2-y_1}{x_2-x_1}$ und

die Punkt-Steigungs-Form $\frac{y-y_1}{x-x_1}=m$.

Zusammenfassend läßt sich sagen:

Will man im konkreten Fall die Gleichung einer Geraden ermitteln, so benötigt man immer zwei gegebene Größen. Dies sind

bei der allgemeinen Form:	Steigung m und y-Achsen-Abschnitt b,
bei der Zwei-Punkte-Form:	die Koordinaten zweier Punkte
bei der Punkt-Steigungs-Form:	und die Koordinaten eines Punktes und die Steigung.

Dies gilt übrigens auch für alle anderen Formen der Geradengleichung, die wir hier nicht behandeln werden.

15

Bestimme die zugehörigen Geradengleichungen.

a)

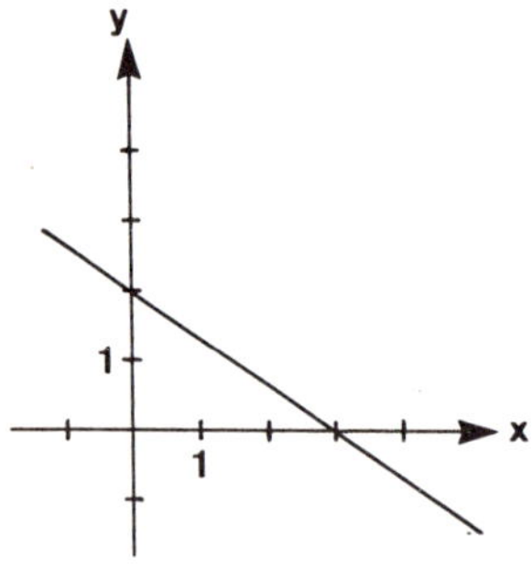

b)

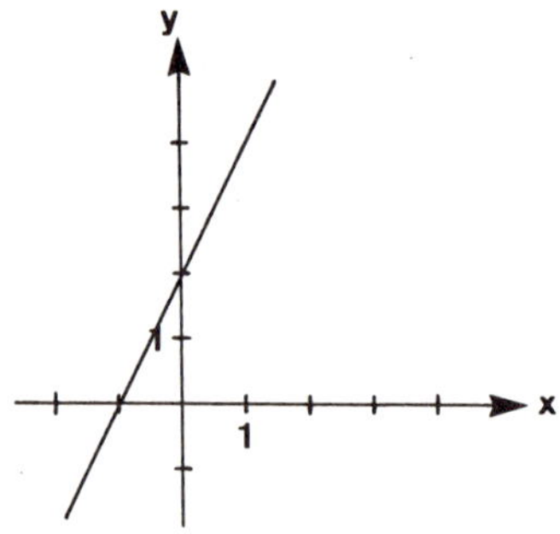

c)

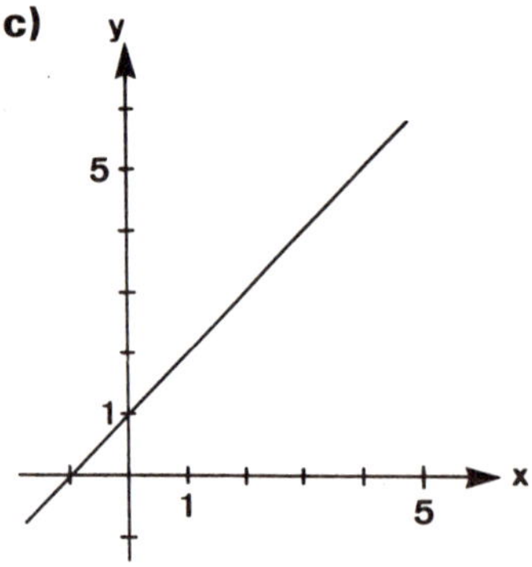

d) A(4|6), B(8|8)

e) P(−4|1), m=0,5

f) Q(3|3), m=−1

g) D(−3|−2), E(6|4)

h) S(−2|5), T(2|0)

i) A(1,5|−2,5), m=2

Kehren wir nun zu dem in Aufgabe 1 formulierten Problem, an den Graphen einer Funktion in einem Punkt eine Tangente zu zeichnen, zurück, so stellen wir fest, daß wir von dieser Tangente lediglich einen Punkt, den Berührpunkt, kennen. Dies allein reicht jedoch weder zum Aufstellen einer Funktionsgleichung noch zum korrekten Zeichnen der Gerade aus.
Wir müssen also feststellen:

Das Tangentenproblem ist mit den bisher besprochenen Mitteln nicht lösbar.

2. Der Begriff der Ableitung

Wir wollen im folgenden das in Kapitel 1 formulierte Tangentenproblem lösen. Dazu betrachten wir zunächst nur die Funktion $x \mapsto y = x^2$.

1

a) Zeichne den Graphen der Funktion $x \mapsto y = x^2$ im Intervall [0; 2].

b) Die Punkte $P_0(1|1)$ und $Q(2|4)$ liegen auf dem Graphen. Zeichne eine Gerade (Sekante) durch P_0 und Q. Berechne ihre Steigung mit Hilfe des Differenzenquotienten.

c) Auch der Punkt $R(1{,}5|2{,}25)$ liegt auf dem Graphen. Zeichne die Sekante durch P_0 und R. Wie groß ist ihre Steigung?

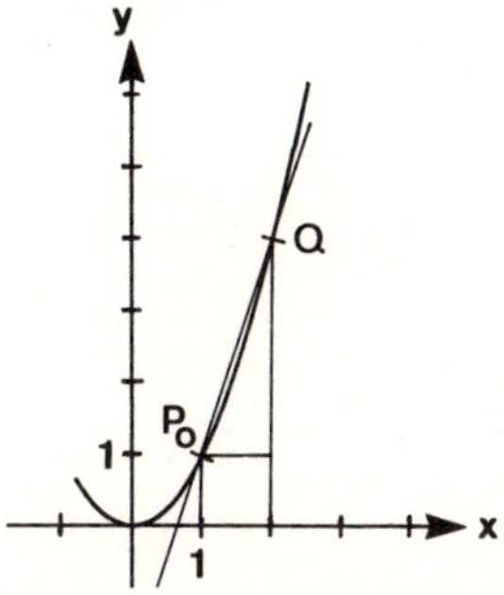

2

a) Berechne ebenso die Steigungen m_1 bzw. m_2 der Sekanten durch $P_0(1|1)$ und $S(1{,}3|1{,}69)$ sowie durch $P_0(1|1)$ und $T(1{,}1|1{,}21)$.

b) Die Steigungen haben Sie so berechnet:

$$m_1 = \ldots = \frac{0{,}69}{0{,}3} = 2{,}3 \quad \text{bzw.} \quad m_2 = \ldots = \frac{0{,}21}{0{,}1} = 2{,}1\,.$$

Welchem Wert scheinen sie zuzustreben, wenn der entsprechende Punkt näher an P_0 heranrückt?

In Aufgabe **1** und **2** haben wir die Steigungen von Sekanten untersucht, die alle durch den fest gewählten Punkt P_0 verlaufen. Dabei bewegte sich jeweils der zweite Punkt, Q, R, S oder T, von rechts her auf P_0 zu. Die Steigung der zugehörigen Sekante nahm ab, wurde aber nicht kleiner als 2.

3

a) Wir können auch eine Sekante durch P_0 zeichnen, die den Graphen links von P_0, z. B. in $O(0|0)$, schneidet. Wie groß ist ihre Steigung?

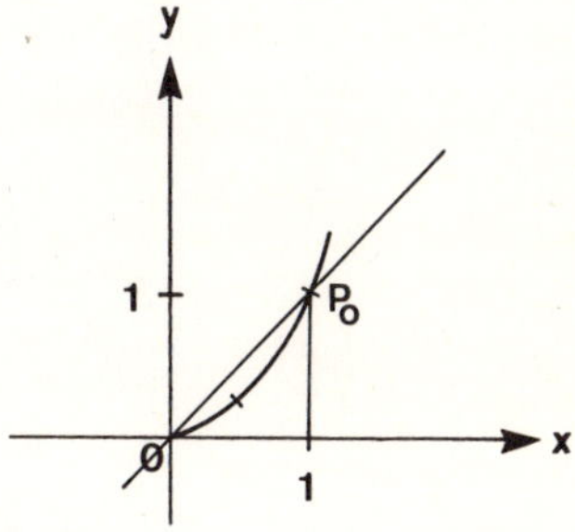

b) Berechne die Steigungen der Sekanten durch P_0 und U (0,5 | 0,25), V (0,7 | 0,49) bzw. W (0,9 | 0,81). Nähern sie sich ebenfalls dem Wert 2?

4

Gegeben ist die Funktion $x \mapsto y = x^2$ und der Punkt $P_0(2|4)$.

a) Wie groß sind die Steigungen der Sekanten durch P_0 und A (1,5 | 2,25) und durch P_0 und B (1,8 | 3,24)?

b) Bestimme die Steigungen der Sekanten durch P_0 und C (2,5 | 6,25) und P_0 und D (2,2 | 4,84).

c) Welchem Wert nähern sich die Steigungen, wenn der entsprechende Punkt näher an P heranrückt?

5

Der Punkt P liege von $P_0(2|4)$ aus betrachtet rechts auf dem Graphen. Die x-Koordinaten von P und P_0 unterscheiden sich um irgendeinen positiven Wert, den man üblicherweise mit h bezeichnet.

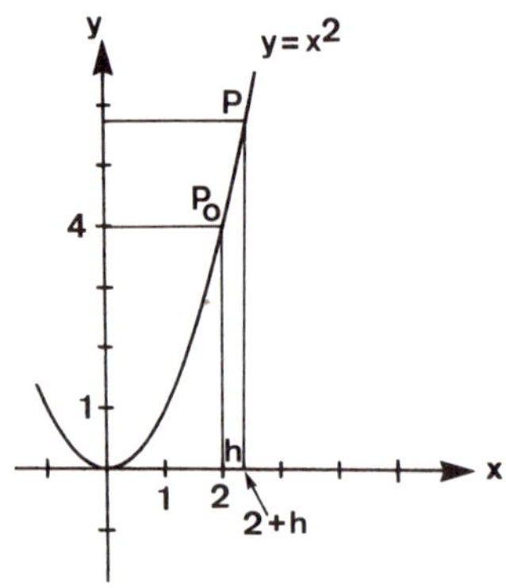

a) Bestätige, daß P die Koordinaten $P(2+h|(2+h)^2)$ besitzt.

b) Zur Berechnung der Steigung m_s der Sekante durch P_0 und P bilden wir wieder den Differenzenquotienten und erhalten:

$$m_s = \frac{(2+h)^2-4}{2+h-2} = \frac{4+4h+h^2-4}{h} = \frac{4h+h^2}{h}$$

Dieser Term beschreibt also in Abhängigkeit von h die Sekantensteigung m_s von Sekanten, die durch den festen Punkt P_0 und einen etwas von P_0 entfernten Punkt P verlaufen.

c) Rückt nun der Punkt P immer näher an P_0 heran, so wird auch die Differenz h ihrer x-Koordinaten immer geringer und nähert sich 0. Diesen Vorgang können wir mit Hilfe eines Grenzwertes beschreiben, und zwar

$$\lim_{h\to 0} m_s = \lim_{h\to 0} \frac{4h+h^2}{h}$$ h ausklammern und kürzen ($h \neq 0$)

$$= \lim_{h\to 0} (4+h)$$ Grenzwert bilden

$$= 4$$

Anschaulich bedeutet dies, daß durch das Zusammenrücken der beiden Punkte die von ihnen festgelegte Sekante schließlich in die Tangente durch P_0 übergeht.
Der Grenzwert der Sekantensteigung ist dann gleichzusetzen mit der Tangentensteigung m_t:

$$\lim_{h \to 0} m_s = 4 = m_t$$

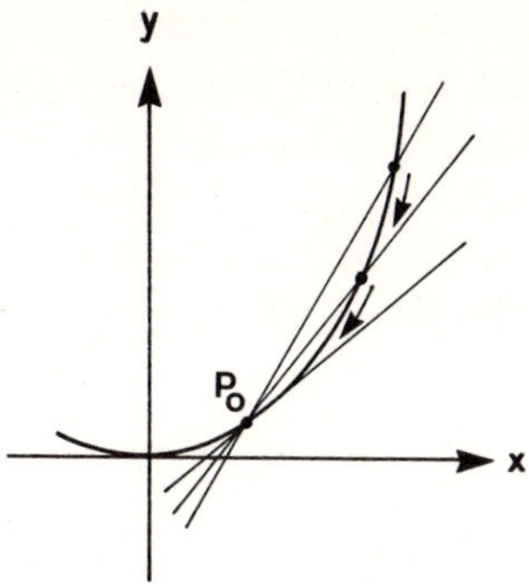

d) Berechne nun die Gleichung der Tangente mit Hilfe der Punkt-Steigungs-Form.

6

Wir wollen entsprechend die Tangentengleichung im Punkt $P_0(1|1)$ ermitteln.

a) Vervollständige die Koordinaten des Punktes $P(1+h|$ ________ $)$.

b) Bestimme die Steigung m_s der Sekante durch P_0 und P.

c) Berechne die Tangentensteigung $m_t = \lim\limits_{h \to 0} m_s$.

d) Wie lautet die Tangentengleichung?

Zusammenfassung:

Problem: Bestimme die Tangente an einen Graphen in einem Punkt P_0.

Lösung:
- Wähle den Punkt P auf dem Graphen nahe P_0.
- Bestimme die Steigung der Sekante durch P_0 und P.
- Lasse P immer näher an P_0 heranrücken.
  → Aus der Sekante wird die gesuchte Tangente.

7

Berechne die Funktionsgleichungen der Tangenten in den Punkten

a) $P_0(4|16)$ **b)** $P_0(1{,}5|2{,}25)$ **c)** $P_0(-1|1)$

Wie Sie gesehen haben, können Sie die Tangentensteigung an verschiedenen Punkten des Graphen ermitteln. Wir wollen uns nun von einem fest vorgegebenen Punkt P_0 lösen und die Steigung der Tangente in einem beliebigen Punkt P_0 bestimmen.

8

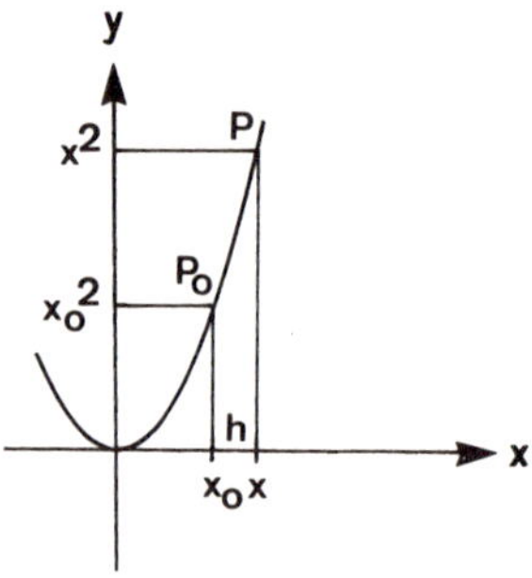

In dem Punkt $P_0(x_0|x_0^2)$ des Graphen von $x \mapsto y = x^2$ soll die Steigung der Tangente ermittelt werden.
Dazu wählen wir uns einen weiteren Punkt $P(x|x^2)$. Bestätige anhand der Zeichnung, daß man für P auch $P(x_0+h|(x_0+h)^2)$ schreiben kann.

Die **Sekantensteigung** hat dann die Form:

$$m_s = \frac{(x_0+h)^2 - x_0^2}{x_0+h-x_0} = \frac{x_0^2+2x_0h+h^2-x_0^2}{h} = \frac{2x_0h+h^2}{h}$$

Für die **Tangentensteigung** ergibt sich:

$$m_t = \lim_{h \to 0} m_s = \lim_{h \to 0} \frac{2x_0h+h^2}{h} = \lim_{h \to 0}(2x_0+h) = 2x_0$$

Hierbei ist zu berücksichtigen, daß $h \to 0$ gleichbedeutend mit $x \to x_0$ ist.

Die Steigung der Tangente eines beliebigen Punktes auf der Normalparabel ist also von der x-Koordinate des jeweiligen Punktes abhängig.
Bestimme damit die Steigungen in den Punkten $P(1{,}4|1{,}96)$, $Q(-0{,}3|0{,}09)$ und $R(\sqrt{2}|2)$.

9

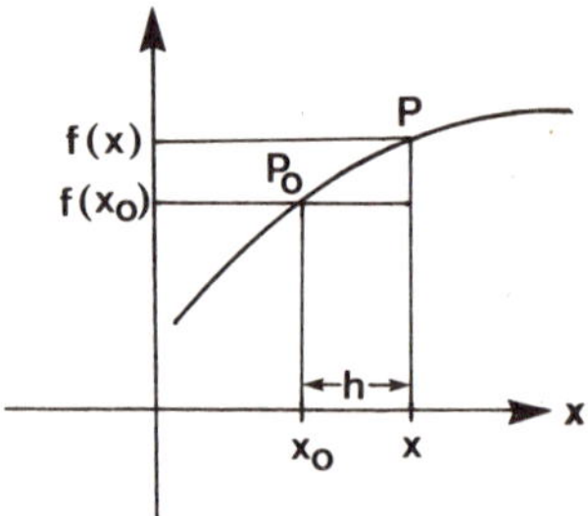

Als letzter Schritt der Verallgemeinerung bleibt nun noch der Übergang von der Funktion $x \mapsto y = x^2$ zu einer beliebigen anderen Funktion $x \mapsto y = f(x)$.
Zu bestimmen ist die Steigung der Tangente im Punkt $P_0(x_0|f(x_0))$.

a) Wähle als zweiten Punkt $P(x|f(x))$. Vervollständige diese ebenfalls mögliche Schreibweise $P(x_0+h|$ ______ $)$.

b) Ersetze x durch x_0+h: $m_s = \frac{f(x)-f(x_0)}{x-x_0} =$ ______ .

c) Schließlich ergibt sich, falls der folgende Grenzwert überhaupt existiert:

$$m_t = \lim_{x \to x_0} m_s = \lim_{x \to x_0} \frac{f(x) - f(x_0)}{x - x_0} = \lim_{h \to 0} \frac{f(x_0 + h) - f(x_0)}{h}.$$

Bei unseren bisherigen Überlegungen hat der Begriff der Steigung einen gewissen Bedeutungswandel erfahren. Hatten wir es bei der Sekantensteigung mit der schon lange bekannten **Steigung einer Geraden** zu tun, so ist daraus beim Übergang zur Tangentensteigung durch das Zusammenrücken und schließlich Zusammenfallen der beiden Punkte P_0 und P die **Steigung in einem Punkt** (dem Berührpunkt der Tangente) geworden.

Die folgende Definition drückt dies aus:

Definition:
Ist die Funktion $x \mapsto y = f(x)$ auf einem Intervall I definiert und besitzt der Differenzenquotient an der Stelle $x_0 \in I$ für $x \to x_0$ einen Grenzwert, so sagt man, die Funktion f ist an der Stelle x_0 differenzierbar.
Der Grenzwert heißt die Ableitung der Funktion f an der Stelle x_0 und wird geschrieben als

$$f'(x_0) = \lim_{x \to x_0} \frac{f(x) - f(x_0)}{x - x_0}.$$

Bemerkung: Die Ableitung wird auch als **Differentialquotient** bezeichnet.

Folgende Schreibweisen sind gleichwertig und unterscheiden sich nur in ihrer anschaulichen Bedeutung:

$f'(x_0)$	Ableitung der Funktion f an der Stelle x_0
$= m_t$	Steigung der Tangente im Punkt $P_0(x_0 \mid f(x_0))$ (= Steigung der Funktion in P_0)
$= \lim_{x \to x_0} m_s$	Grenzwert der Sekantensteigung bzgl. $P_0(x_0 \mid f(x_0))$ und einem weiteren Punkt $P(x \mid f(x))$
$= \lim_{x \to x_0} \frac{f(x) - f(x_0)}{x - x_0}$	"
$= \lim_{h \to 0} \frac{f(x_0 + h) - f(x_0)}{h}$	" (mit $h = x - x_0$)

Das Ergebnis von Aufgabe 8 war, daß bei der Funktion $x \mapsto y = x^2$ die Steigung der Tangente im Punkt $P_0(x_0 \mid x_0^2)$, bzw. die Steigung des Punktes P, durch $m_t = 2x_0$ zu erhalten ist.

Um eine spezielle Steigung zu erhalten, haben wir einfach eingesetzt, z. B. $P_0(1{,}4|1{,}96)$: $x_0 = 1{,}4$, mithin $m_t = 2 \cdot 1{,}4 = 2{,}8$.
Man kann also jedem x_0 (jedem Punkt) seine Steigung (Ableitung) $2x_0$ zuordnen.
Wir bezeichnen die zugehörige Funktion mit f′:

$$f'\colon \quad x_0 \mapsto f'(x_0) = 2x_0$$

Statt der Variable x_0 können wir genausogut die Variable x benutzen und definieren:

> Die Funktion f′(x), die jedem Punkt einer Funktion f(x) seine Ableitung (Steigung) zuordnet, heißt die **Ableitungsfunktion von f.**

Diese Ableitungsfunktion bietet den Vorteil, daß man zu jedem beliebigen Punkt sofort die Steigung angeben kann.

Beispiel: $f(x) = x^2$, $f'(x) = 2x$
Gesucht ist die Steigung im Punkt $P_0(6|36)$.
Rechnung: $m_t = f'(6) = 2 \cdot 6 = 12$

10

Bestimme entsprechend die Steigungen der Punkte.

a) $A(8|64)$ **b)** $P\left(\frac{2}{3}\middle|\frac{4}{9}\right)$ **c)** $Q(-2{,}4|5{,}76)$

Stelle die Tangentengleichungen auf.

Den Zusammenhang zwischen Funktion und Ableitungsfunktion soll das folgende Beispiel veranschaulichen:
Gegeben ist die Funktion $x \mapsto f(x) = x^2$ und ihre Ableitungsfunktion $x \mapsto f'(x) = 2x$.
Gesucht ist die Steigung der Tangente im Punkt $A(1{,}5|2{,}25)$.

Wir zeichnen die Graphen von Funktion und Ableitungsfunktion untereinander. Da f′(x) sämtliche Steigungen von f liefert, brauchen wir nun nur noch auf der x-Achse die gewünschte Stelle (1,5) zu suchen und können an der y-Achse die zugehörige Steigung ablesen (3).

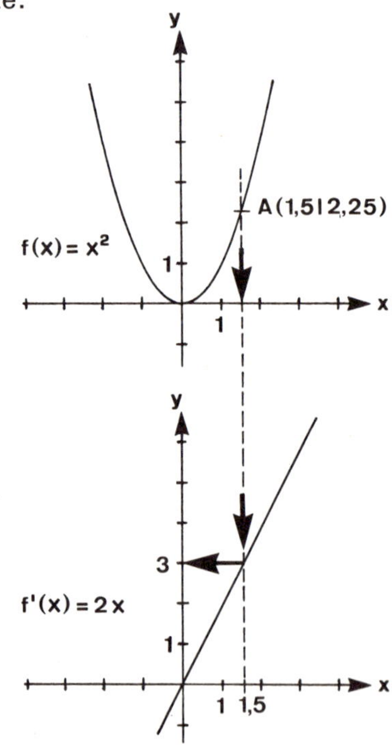

11

Zeichne wie im Beispiel die Graphen in das Heft und lies entsprechend die Steigungen an den Stellen x = 2,1; − 1,3; 0,4 ab.

12

In der Zeichnung ist der Zusammenhang zwischen dem Verlauf der Parabel und den Vorzeichen der Ableitungen dargestellt.
Vervollständige die Lücken

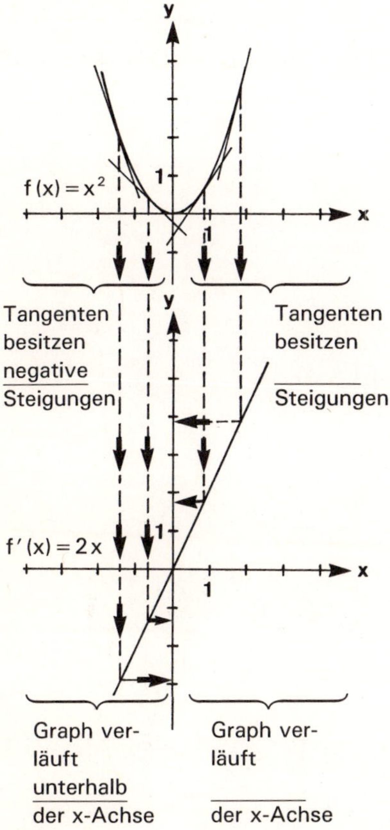

13

Fülle auch hier die Lücken mit den geeigneten Worten aus.

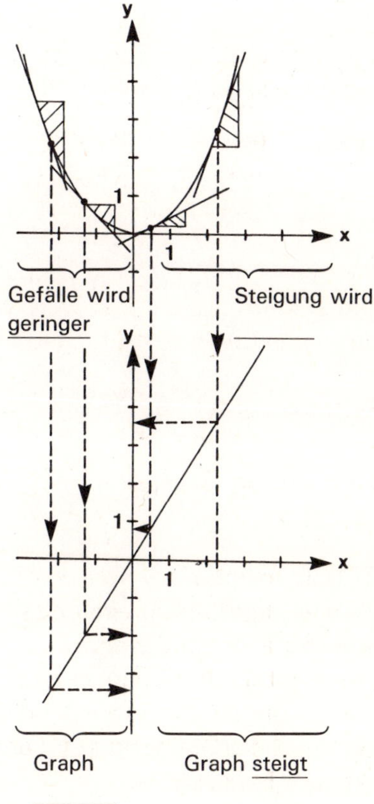

3. Bestimmung einiger Ableitungsfunktionen

Nachdem wir gesehen haben, daß man mit Hilfe der Ableitung die Steigung von Punkten eines Funktionsgraphen ermitteln kann und die betreffende Ableitungsfunktion alle Steigungen einer Funktion liefert, wollen wir lernen, wie man die Ableitungsfunktion zu anderen Funktionen als der bisher untersuchten $x \mapsto y = x^2$ bestimmt.
Zur Vereinfachung der Schreibweise wollen wir in Zukunft bei Funktionen nur die Funktionsgleichung in der Form $f(x) = x^2$ benutzen.

Beispiel:
Gegeben ist die Funktion $f(x) = x^3$.
Ihr Graph heißt kubische Parabel (siehe Abbildung).
Gesucht ist ihre Ableitungsfunktion $f'(x)$.

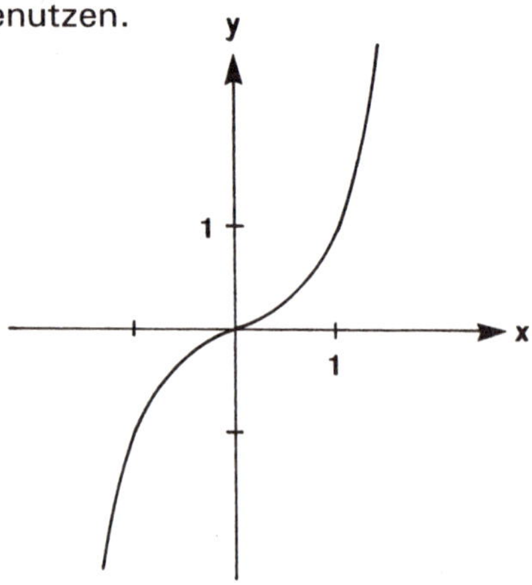

1. Wir wählen den Punkt $P_0(x_0 | x_0^3)$ und den Punkt $P(x_0 + h | (x_0 + h)^3)$.
2. Wir bilden den Differenzenquotienten und vereinfachen ihn soweit wie möglich:

$$m_s = \frac{f(x) - f(x_0)}{x - x_0} = \frac{(x_0 + h)^3 - x_0^3}{x_0 + h - x_0} = \frac{x_0^3 + 3x_0^2 h + 3x_0 h^2 + h^3 - x_0^3}{h}$$

$$= \frac{3x_0^2 h + 3x_0 h^2 + h^3}{h}$$

3. Die Ableitung (oder der Differentialquotient) an der Stelle x_0 ergibt sich aus dem Grenzwert des Differenzenquotienten:

$$f'(x_0) = \lim_{h \to 0} \frac{3x_0^2 h + 3x_0 h^2 + h^3}{h} = \lim_{h \to 0} (3x_0^2 + 3x_0 h + h^2) = 3x_0^2$$

4. Die zugehörige Ableitungsfunktion lautet also $f'(x) = 3x^2$, wobei die Variable x_0 durch x ersetzt wurde.

1

Gesucht ist die Ableitungsfunktion zu der Funktion $x \mapsto f(x) = 5x^2$.

1. Wähle zwei Punkte $P_0(x_0 | 5x_0^2)$ und $P(x_0 + h |$ __________ $)$.
2. Bilde den Differenzenquotienten und vereinfache möglichst weit.

3. Bilde den Grenzwert des Differenzenquotienten für $h \to 0$.

4. Nenne die Ableitungsfunktion.

2

Bestimme die Ableitungsfunktion.

1. Zwei Punkte $P_0(x_0|f(x_0))$ und $P(x_0+h|f(x_0+h))$ wählen
2. Differenzenquotient aufstellen und vereinfachen
3. Grenzwert für $h \to 0$ bilden
4. Ableitungsfunktion nennen

a) $f(x) = 2x^3$ **b)** $f(x) = -0{,}5x^2$ **c)** $f(x) = 3x$

d) $f(x) = 8x^2$ **e)** $f(x) = -x^3$ **f)** $f(x) = -\frac{2}{3}x$

3

Auch aufwendiger gebaute Funktionen lassen sich so ableiten:

Beispiel:

$f(x) = x^2 + 4x$

1. $P_0(x_0|x_0^2+4x_0)$, $P(x_0+h|(x_0+h)^2+4(x_0+h))$

2. $$m_s = \frac{\overbrace{(x_0+h)^2+4(x_0+h)}^{f(x_0+h)} - \overbrace{(x_0^2+4x_0)}^{f(x_0)}}{h}$$
$$= \frac{x_0^2+2x_0h+h^2+4x_0+4h-x_0^2-4x_0}{h}$$
$$= \frac{2x_0h+h^2+4h}{h}$$

3. $$f'(x_0) = \lim_{h \to 0} \frac{2x_0h+h^2+4h}{h} = \lim_{h \to 0}(2x_0+h+4) = 2x_0+4$$

4. $f'(x) = 2x + 4$

Leite entsprechend ab:

a) $f(x) = 2x^2 - 7$ **b)** $f(x) = 5x^2 - 6$ **c)** $f(x) = x^3 - x^2$

d) $f(x) = x + 2x^3$ **e)** $f(x) = x^2 + x + 1$

4

a) Bestimme die Ableitungsfunktion der Funktion $f(x) = 3x + 1$.

b) Um welche Art von Funktion handelt es sich bei $f(x)$? Wie groß ist ihre Steigung?

c) Stimmen Ableitung und Steigung überein?

5

Bestimme allgemein die Ableitungsfunktion der linearen Funktion f mit $f(x) = mx + b$.
Welches Ergebnis erwarten Sie?

> Die Ableitungsfunktion der linearen Funktion f mit $f(x) = mx + b$ ist konstant, und zwar $f'(x) = m$. Der Zusammenhang zwischen Ableitung und Steigung wird hier offensichtlich.

6

a) Bilde die Ableitungsfunktion der konstanten Funktion $f(x) = 4$.

b) Zeichne den Graphen und begründe anschaulich, daß die Steigung der Geraden 0 ist und mithin $f'(x) = 0$ gelten muß.

c) Mache dasselbe allgemein für die Funktion $f(x) = b$, $b \in \mathbb{R}$.

> Die Ableitungsfunktion einer konstanten Funktion f mit $f(x) = b$ und $b \in \mathbb{R}$ ist $f'(x) = 0$.

Alle bisher betrachteten Funktionen waren ganzrationale Funktionen (Polynomfunktionen). Im folgenden wollen wir auch andere einfache Funktionen ableiten.

Beispiel 1:

Der Graph der Funktion $f(x) = \frac{1}{x}$ mit $x \in \mathbb{R} \setminus \{0\}$ heißt **Hyperbel** und ist auf der nächsten Seite skizziert.

Wir wollen ihre Ableitungsfunktion ermitteln.

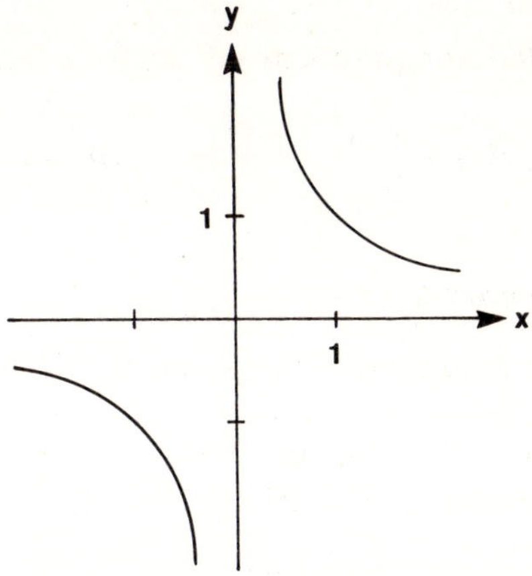

1. Wir schreiben die Koordinaten zweier Punkte P_0 und P auf, die auf dem Graphen liegen:

$$P_0\left(x_0 \,\middle|\, \frac{1}{x_0}\right), \quad P\left(x_0+h \,\middle|\, \frac{1}{x_0+h}\right)$$

2. Wir bilden den Differenzenquotienten und formen um:

$$m_s = \frac{\overbrace{\frac{1}{x_0+h}}^{f(x_0+h)} - \overbrace{\frac{1}{x_0}}^{f(x_0)}}{h}$$ Hauptnenner suchen und Brüche des Zählers zusammenfassen

$$= \frac{\frac{x_0-(x_0+h)}{(x_0+h)\,x_0}}{h}$$ Zähler des oberen Bruches vereinfachen

$$= \frac{\frac{-h}{(x_0+h)\,x_0}}{h}$$ Doppelbruch beseitigen

$$= \frac{-h}{h\,(x_0+h)\,x_0}$$ durch h kürzen

$$= \frac{-1}{(x_0+h)\,x_0}.$$

3. Die Ableitung an der Stelle x_0 ergibt sich als

$$f'(x_0) = \lim_{h\to 0} \frac{-1}{(x_0+h)\,x_0} = \frac{-1}{x_0^2}.$$

4. Folglich ist $f'(x) = \frac{-1}{x^2}$.

7

Bilde entsprechend die Ableitungsfunktionen zu

a) $f(x) = \frac{2}{x}$ **b)** $f(x) = \frac{1}{x+1}$ **c)** $f(x) = \frac{-5}{2x}$

Beispiel 2:

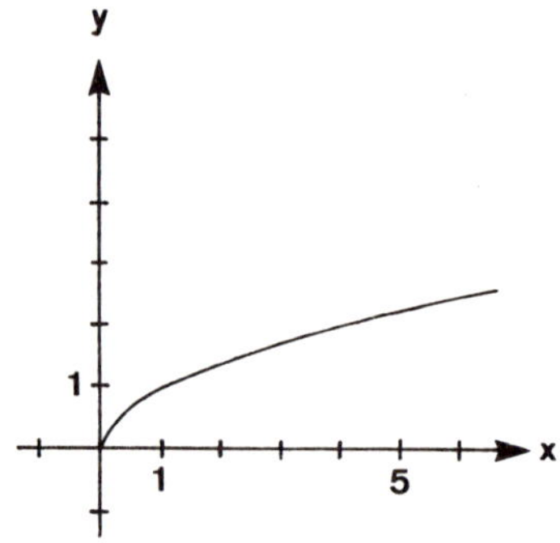

Die Funktion $f(x) = \sqrt{x}$ ist nur für $x \in \mathbb{R}_+$ definiert.
Wir bestimmen die Ableitungsfunktion in demselben Bereich.

1. $P_0(x_0 | \sqrt{x_0})$, $P(x_0+h | \sqrt{x_0+h})$
2. Differenzenquotient:

$$m_s = \frac{\overbrace{\sqrt{x_0+h}}^{f(x_0+h)} - \overbrace{\sqrt{x_0}}^{f(x_0)}}{h}$$ Erweitern mit $\sqrt{x_0+h} + \sqrt{x_0}$

$$= \frac{(\sqrt{x_0+h} - \sqrt{x_0})(\sqrt{x_0+h} + \sqrt{x_0})}{h(\sqrt{x_0+h} + \sqrt{x_0})}$$ Ausmultiplizieren des Zählers (3. binomische Formel)

$$= \frac{x_0 + h - x_0}{h(\sqrt{x_0+h} + \sqrt{x_0})}$$ Vereinfachen des Zählers

$$= \frac{h}{h(\sqrt{x_0+h} + \sqrt{x_0})}$$ h kürzen

$$= \frac{1}{\sqrt{x_0+h} + \sqrt{x_0}}$$

3. Ableitung an der Stelle x_0:

$$f'(x_0) = \lim_{h \to 0} \frac{1}{\sqrt{x_0+h} + \sqrt{x_0}} = \frac{1}{\sqrt{x_0} + \sqrt{x_0}} = \frac{1}{2\sqrt{x_0}}$$

4. Ableitungsfunktion:

$$f'(x) = \frac{1}{2\sqrt{x}}$$

Bemerkung: An der Stelle $x_0 = 0$ ist $f'(x)$ nicht definiert. Hier sind die Definitionsbereiche von Funktion und Ableitungsfunktion nicht identisch!

8

Bilde entsprechend die Ableitungsfunktionen.

a) $f(x) = \sqrt{2x}$ **b)** $f(x) = \sqrt{x+5}$ **c)** $f(x) = \sqrt{2x-3}$

1

Schreibe ohne nachzuschauen die drei behandelten Formen der Geradengleichung auf und vermerke jeweils, welche Größen für ihre Verwendung bekannt sein müssen.

2

Gib die zugehörige Geradengleichung in allgemeiner Form an:

a) $A(-4|4)$, $B(4|6)$ **b)** $P(0{,}5|-1{,}5)$, $m = 2$

c) $P(-2|-2)$, $Q(3|-7)$ **d)** $A(1|-8)$, $m = -4$

3

a) Berechne die Steigung der Tangente an den Graphen von $f(x) = x^2$ im Punkt $P_0(-4|16)$ mit Hilfe des Grenzwerts des Differenzenquotienten.

b) Bestimme die Gleichung der Tangente.

4

Ermittle die Ableitungsfunktionen.

a) $f(x) = 3x^2 - 4x$ **b)** $f(x) = \dfrac{6}{x}$ **c)** $f(x) = \sqrt{x-1}$

4. Anwendungen I – Tangenten, Normalen, Parallelen

Bei den folgenden Aufgaben kommt es darauf an, die Funktionsgleichungen bestimmter Geraden – Tangenten, Parallelen, Normalen – zu ermitteln. Hierbei helfen uns die Ableitungsfunktionen, da sie die benötigten Steigungen liefern.

1

An den Graphen der Funktion $f(x) = 2x^2 - 1$ ist diejenige Tangente zu zeichnen, die parallel zu der durch die Punkte $A(-1|1)$ und $B(2|7)$ festgelegten Sekante verläuft.

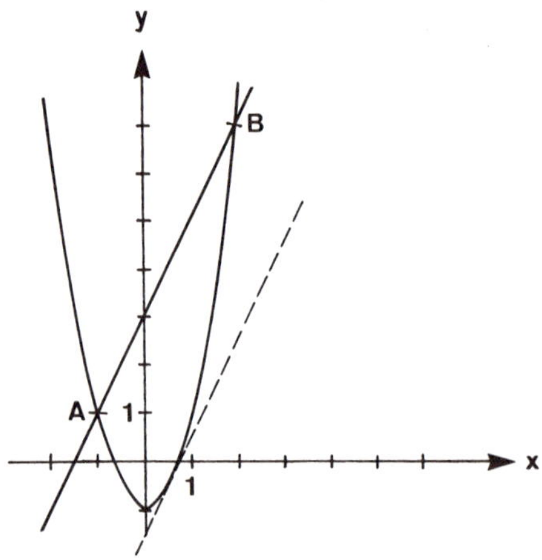

a) Fertige eine Skizze an und zeichne auch die Sekante ein.

b) Um die gesuchte Tangente zeichnen zu können, benötigen wir zweierlei: die Koordinaten des Berührpunktes und die Steigung. Was davon läßt sich zunächst berechnen?

c) Zeichne zwischen A und B ein Steigungsdreieck und berechne die Steigung m_s mit Hilfe des Differenzenquotienten.

d) Die gesuchte Tangente soll parallel zur gegebenen Sekante sein. Wie groß ist dann ihre Steigung m_t?

e) Nachdem wir nun die Steigung unserer Tangente kennen, fehlen nur noch die Koordinaten des Berührpunkts. Dieser Berührpunkt muß ebenfalls die Steigung 2 besitzen. Wir suchen also einen Punkt des Graphen, der die Steigung 2 hat. Dabei hilft uns die Ableitungsfunktion, die ja die Steigungen <u>aller</u> Punkte liefert. Bestimme sie.

f) Es gilt nun $f'(x) = m_t$ und folglich

$$\begin{array}{ccccc} & f'(x) & = & m_t & \\ \text{(vgl. e))} & \downarrow & & \downarrow & \text{(vgl. c))} \\ & 4x & = & 2, & \text{also } x = \frac{1}{2}. \end{array}$$

Anschaulich handelt es sich dabei um die x-Koordinate des Berührpunkts.

Berechne die zugehörige y-Koordinate durch Einsetzen von $x = \frac{1}{2}$ in die Funktionsgleichung.

g) Bestimme die Tangentengleichung durch Einsetzen von Steigung und Berührpunktskoordinaten in die Punkt-Steigungs-Form der Geradengleichung.

2

Löse die folgenden Aufgaben entsprechend.

- Sekantensteigung ermitteln (Steigungsdreieck)
  (dies ist die gesuchte Tangentensteigung (Parallelität))
- Ableitungsfunktion bilden
- Tangentensteigung und Ableitungsfunktion gleichsetzen
- nach x auflösen (x-Koordinate des Berührpunkts)
- y-Koordinate ermitteln (x in Funktionsgleichung einsetzen)
- Tangentengleichung aufstellen (Punkt-Steigungs-Form)

a) $f(x) = -x^2 + 4,\ A(1|3),\ B\left(-\frac{3}{2}\middle|\frac{7}{4}\right)$

b) $f(x) = \frac{1}{2}x^2 + 2x,\ A(-4|0),\ B(-2|2)$

c) $f(x) = -0{,}25x^2,\ A(-4|-4),\ B(2|-1)$

d) $f(x) = x^2 + 2,\ A(1|3),\ B(-2|6)$

e) $f(x) = 0{,}5x^2,\ A(0|0),\ B(4|8)$

f) $f(x) = -x^2 + 4x,\ A(2|4),\ B(3|3)$

3

Bearbeite diese Aufgabe entsprechend. Man erhält jetzt zwei Tangenten. Bestätige dies auch anhand einer Zeichnung.

$f(x) = \frac{1}{x},\ A\left(2\middle|\frac{1}{2}\right),\ B\left(\frac{1}{4}\middle|4\right)$

4

Wie lauten die Funktionsgleichungen der Tangenten, die zu den durch die Punkte festgelegten Sekanten parallel sind? Überlege dabei, ob es eine oder zwei Tangenten sind.

a) $f(x) = x^2$, $A(-2|4)$, $B(1|1)$

b) $f(x) = -x^2 - 2$, $A(-1|-3)$, $B(3|-11)$

c) $f(x) = \frac{1}{x}$, $A(1|1)$, $B\left(4\,\middle|\,\frac{1}{4}\right)$

5

Zeichne die Graphen der Funktionen f mit $f(x) = x^2$ und g mit $g(x) = 4x + 3$.

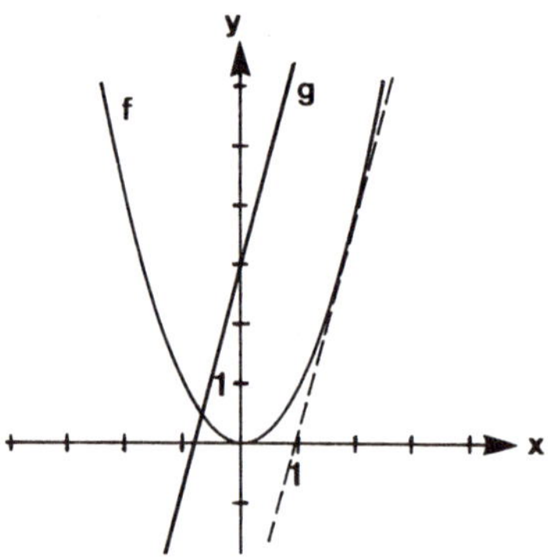

a) Mach dir anschaulich klar, daß die Gerade sich so parallel verschieben läßt, daß sie die Parabel berührt.

b) Für die Bestimmung des Berührpunktes ist wesentlich, daß er dieselbe Steigung besitzt wie die Gerade. Wie groß ist die Steigung?

c) Die Steigung jedes einzelnen Parabelpunktes kann anhand der Ableitungsfunktion abgerufen werden. Nenne sie.

d) Bestimme nun diejenige Stelle (x-Koordinate), an der die Parabel die Steigung 4 besitzt, und dann die zugehörige y-Koordinate des Berührpunkts.

e) Ermittle die Tangentengleichung mit Hilfe der Punkt-Steigungs-Form.

6

Bestimme entsprechend die Tangenten an die Funktionsgraphen, die parallel zu den angegebenen Geraden sind. Beachte, daß je nach Funktion auch mehrere solcher Tangenten möglich sind.

a) $f(x) = -0{,}25x^2 + x$, $g(x) = -0{,}5x$

b) $f(x) = x - \frac{1}{2}x^2$, $g(x) = 2x + 3$

c) $f(x) = x^3$, $g(x) = 2x - 5$

d) $f(x) = \frac{1}{x+1}$, $g(x) = -4x + 10$

e) $f(x) = x^2$, $g(x) = x + 2$

f) $f(x) = -x^2 + 4$, $g(x) = -2x + 4$

7

a) An den Graphen der Funktion $f(x) = x^2 - 3$ ist im Punkt A (2|1) die Tangente t gezeichnet. Wie groß ist ihre Steigung m_t?

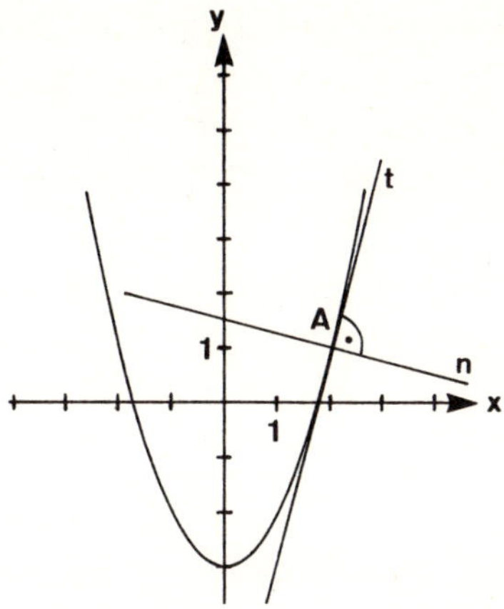

b) Die Gerade, die auf t senkrecht steht und ebenfalls durch A geht, heißt die **Normale** n. Zeichne sie und lies ihre Steigung m_n ab.

c) Allgemein gilt für die Steigungen m_t und m_n zweier aufeinander senkrecht stehender Geraden die Formel:

$$m_n = -\frac{1}{m_t}$$

Bestätige damit das Ergebnis von b).

d) Gib mit Hilfe der Punkt-Steigungs-Form die Gleichung der Normalen an die Funktion f im Punkt A an.

8

Bestimme die Gleichung der Normalen in den angegebenen Punkten an den Graphen der Funktionen.

- Steigung der Funktion (Tangente) im angegebenen Punkt ermitteln (Ableitungsfunktion!)
- Normalensteigung bestimmen $\left(m_n = -\frac{1}{m_t}\right)$
- Normalengleichung aufstellen (Punkt-Steigungs-Form)

a) $f(x) = x^2 + 3$, A (2|7)

b) $f(x) = -4x^2$, A (0,5|−1)

c) $f(x) = \sqrt{x}$, A (4|2)

d) $f(x) = 2x^2 - 3x$, A (3|9)

e) $f(x) = -x^2$, A (−1|−1)

f) $f(x) = x^3$, A (2|8)

9

Gegeben sind die Funktion $f(x) = x^2$ und der Punkt $P(-1|-3)$.
Anhand der Zeichnung ist erkennbar, daß man von P aus zwei Tangenten an die Parabel legen kann.

Bei der Berechnung der Tangentengleichungen besteht die Schwierigkeit zunächst darin, daß weder Tangentensteigungen noch Berührpunkte bekannt sind.

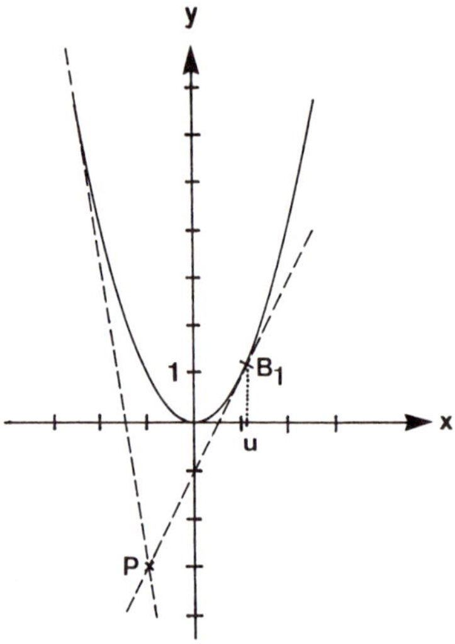

a) Wir bezeichnen den einen Berührpunkt mit $B_1(u|u^2)$. Gib die Steigung in B_1 in Abhängigkeit von u an.

b) Stelle für die Tangente durch B_1 eine Gleichung in Abhängigkeit von u auf. Setze dazu die Steigung und die Koordinaten von B_1 in die Punkt-Steigungs-Form ein.

c) Forme die Geradengleichung um zu $y = 2ux - u^2$.

d) Die in c) ermittelte Gleichung gilt für beide Tangenten, was durch die Variable u ausgedrückt wird. Von diesen Tangenten wissen wir, daß sie durch den Punkt $P(-1|-3)$ gehen. Folglich müssen die Koordinaten von P die Tangentengleichung erfüllen. Setze die Koordinaten ein und ordne so nach Potenzen von u, daß sich die quadratische Gleichung

$u^2 + 2u - 3 = 0$ ergibt.

e) Löse die quadratische Gleichung mit Hilfe der Lösungsformel oder des Satzes von Vieta.

f) Gib die Koordinaten der beiden Berührpunkte, die Steigungen der beiden Tangenten sowie die Tangentengleichungen an.

10

Vom Punkt $P(0|-3)$ aus sind die Tangenten an den Graphen der Funktion $f(x) = x^2 + 1$ zu legen.

a) Stelle eine Geradengleichung in Abhängigkeit von u auf, die beide Tangentengleichungen beschreibt. Gehe dabei von dem Ansatz $B_1(u|u^2 + 1)$ aus.

b) Setze die Koordinaten von P für x und y ein und löse die entstandene quadratische Gleichung in u.

c) Gib die Koordinaten beider Berührpunkte, die zugehörigen Steigungen und die Tangentengleichungen an.

11

Lege vom gegebenen Punkt die Tangenten an die gegebene Parabel. Fertige jeweils eine Zeichnung an.

– Berührpunkt in Abhängigkeit einer Variable (z. B. u) angeben
– Steigung im Berührpunkt ermitteln
– Tangentengleichung aufstellen (von u abhängig)
– Koordinaten des gegebenen Punktes einsetzen und entstandene quadrat. Gleichung in u lösen
– Berührpunkte, Tangentensteigungen und Tangentengleichungen durch Einsetzen der für u ermittelten Werte bestimmen

a) $P(2|5)$, $f(x) = -x^2 + 4x$ **b)** $P(1|4)$, $f(x) = -x^2 + 1$

c) $P(0|-3)$, $f(x) = x^2 - 2$ **d)** $P(0|-4)$, $f(x) = x^2$

12

Gegeben ist die Funktion $f(x) = x^2 + 3$.

a) Bestimme die Funktionsgleichung der Tangente an die Parabel im Punkt $A(-1|4)$.

b) Wie lautet die Tangentengleichung im Punkt $B(2|7)$?

c) Gesucht ist der Schnittpunkt P der beiden Tangenten. Setze die Tangentengleichungen gleich und löse die erhaltene lineare Gleichung nach x auf. Man erhält so die x-Koordinate des Schnittpunkts.

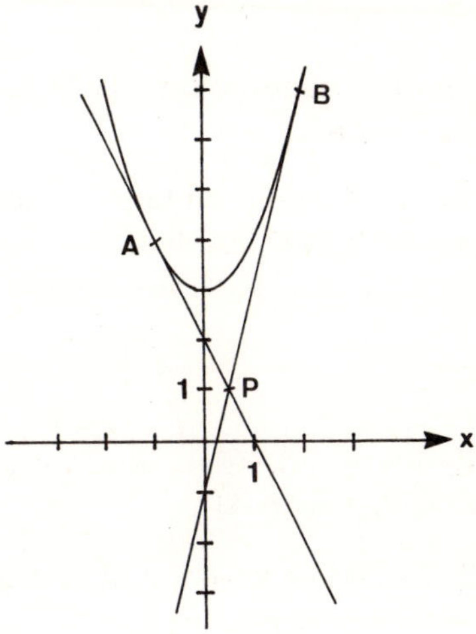

d) Bestimme die zugehörige y-Koordinate durch Einsetzen der x-Koordinate in eine der Tangentengleichungen. Erhält man bei Verwendung der anderen Tangentengleichung dasselbe Ergebnis?

13

Bestimme entsprechend den Schnittpunkt der Tangenten in den gegebenen Punkten an den Graphen der gegebenen Funktion.

- Tangentengleichungen in den gegebenen Punkten aufstellen
- Schnittpunkt bestimmen:
  - Tangentengleichungen gleichsetzen
  - entstandene lineare Gleichung nach x auflösen
    → x-Koordinate des Schnittpunkts
  - y-Koordinate des Schnittpunkts ermitteln (x in eine der Tangentengleichungen einsetzen)

a) $f(x) = -\frac{1}{2}x^2 - 2x$; $A(-1|1{,}5)$, $B(1|2{,}5)$

b) $f(x) = x^2 + 1$; $A(-2|5)$, $B(2|5)$

c) $f(x) = x^2 - 4x$; $A(0|0)$, $B(6|12)$

d) $f(x) = -x^2$; $A(-0{,}5|-0{,}25)$, $B(1{,}5|-2{,}25)$

14

Gegeben ist die Funktion $f(x) = x^2 - 2x$. Bestimme die Gleichungen der Tangente im Punkt $A(2|0)$ und der Normale im Punkt $B(0{,}5|-0{,}75)$.
In welchem Punkt schneiden sich Tangente und Normale?
Fertige eine Zeichnung an.
(Hinweis: Führe das Problem auf die vorige Aufgabe zurück.)

15

a) Wie lautet die Gleichung der Normale an den Graphen der Funktion $f(x) = x^2$ im Punkt $A(1|1)$?

b) In welchem Punkt B schneidet die Normale die Parabel ein zweites Mal? Zeichne und rechne.

5. Erste Ableitungsregeln

Wir haben die Ableitungsfunktion zu einer gegebenen Funktion bisher immer mit Hilfe des Grenzwerts des Differenzenquotienten bestimmt. Dieses Verfahren ist jedoch auf die Dauer zu aufwendig. Wir wollen daher einige einfache Regeln herleiten, die es ermöglichen, ganzrationale Funktionen zu differenzieren.
In der folgenden Übersicht finden Sie noch einmal die wichtigsten Funktionen, deren Ableitungsfunktionen wir schon in vorhergehenden Kapiteln bestimmt haben.

f(x)	f′(x)
x^2	$2x$
x^3	$3x^2$
$mx+b$	m
$\frac{1}{x}$	$-\frac{1}{x^2}$
$\sqrt{x}$	$\frac{1}{2\sqrt{x}}$

f(x)	f′(x)
$5x^2$	$10x$
$2x^3$	$6x^2$
b	0
$\frac{2}{x}$	$-\frac{2}{x^2}$

1

Die Funktionen $f(x)=x^2$ und $f(x)=x^3$ sind **Potenzfunktionen.** Vergleicht man ihre Ableitungsfunktionen $f'(x)=2x$ und $f'(x)=3x^2$, so stellt man zunächst fest, daß der jeweilige Exponent der Funktion (2 bzw. 3) nun als Faktor in der Ableitungsfunktion auftaucht. Weiter ist der Exponent der Ableitungsfunktion jeweils um 1 kleiner als der der Funktion.
Wie müßte die Ableitungsfunktion zu $f(x)=x^4$ lauten, wenn die obige Beobachtung allgemeingültig wäre?

2

Die in 1 betrachteten Potenzfunktionen kann man allgemein in der Form $f(x)=x^n$, $n \in \mathbb{N}$, schreiben. Zur Bestimmung der Ableitungsfunktion gehen wir wie in Kapitel 3 vor.

a) Wähle zwei Punkte $P_0(x_0|x_0^n)$ und $P(x_0+h|$_______$)$.

b) Der Differenzenquotient lautet dann

$$m_s = \frac{(x_0+h)^n - x_0^n}{h}.$$

Hierbei ist der Term $(x_0+h)^n$ gesondert zu betrachten. Ihn müssen wir soweit berechnen, daß sich später der Grenzwert des Differenzenquotienten für $h \to 0$ bestimmen läßt.

Vervollständige:

$n=2$: $(x_0+h)^2 = x_0^2+2x_0h+h^2$.

$n=3$: $(x_0+h)^3 =$ ______________________ .

$n=4$: $(x_0+h)^4 =$ ________________________________ .

Es ist zu beobachten, daß die Exponenten von x_0 von Summand zu Summand kleiner werden, während die von h wachsen;

z. B. bei $n=4$:					
x_0:	4	3	2	1	0
h:	0	1	2	3	4

Beim Ausmultiplizieren eines Terms wie $(x_0+h)^4$ kommt es darauf an, daß jeder Summand jeder Klammer mit jedem Summanden der anderen Klammern multipliziert wird.

Wir können auf folgende Weise nachvollziehen, wie der Term x_0^4 des Ergebnisses entsteht:

$(x_0+h)\cdot(x_0+h)\cdot(x_0+h)\cdot(x_0+h)$

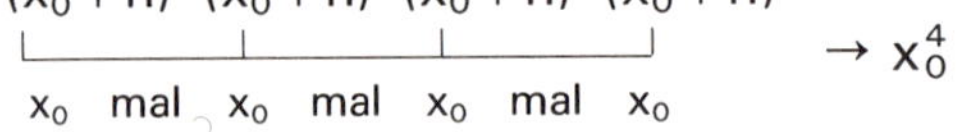

Der zweite Term, $4x_0^3h$, ist so entstanden:

$(x_0+h)\cdot(x_0+h)\cdot(x_0+h)\cdot(x_0+h)$

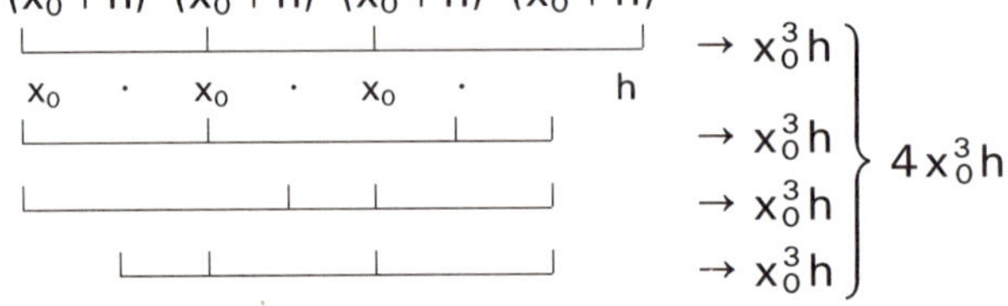

Hierbei wurde jeweils aus einer Klammer das h und aus allen anderen jeweils ein x_0 entnommen.

c) Schreibe ebenso auf, wie der Term $6x_0^2h^2$ entsteht.

d) Entsprechende Überlegungen kann man auch zu dem Term $(x_0+h)^n$ anstellen:

$(x_0+h)^n = (x_0+h)\cdot(x_0+h)\cdot(x_0+h)\cdot \; \ldots \; \cdot(x_0+h)\cdot(x_0+h)$

n Faktoren (x_0+h)

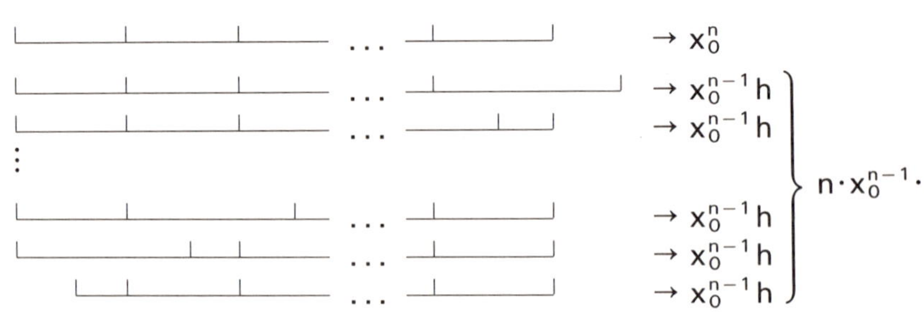

Folglich ist in allen weiteren Summanden des Ergebnisses mindestens der Faktor h^2 enthalten, in manchen davon sogar h^3, h^4 usw. Aus diesen Überlegungen ergibt sich, daß wir schreiben können

$$(x_0+h)^n = x_0^n + n\,x_0^{n-1}\,h + \text{Rest}\cdot h^2,$$

wobei wichtig ist, daß von dem Term $\text{Rest}\cdot h^2$ jeder Einzelsummand den Faktor h^2 enthält, so daß wir ihn ausklammern können.

e) Mit Hilfe dieser Vorüberlegungen können wir nun den Differenzenquotienten von b) vereinfachen:

$$m_s = \frac{(x_0+h)^n - x_0^n}{h} = \frac{x_0^n + n\,x_0^{n-1}\,h + \text{Rest}\cdot h^2 - x_0^n}{h}$$

$$= \frac{n\,x_0^{n-1}\,h + \text{Rest}\cdot h^2}{h} = n\,x_0^{n-1} + \text{Rest}\cdot h, \quad h \neq 0.$$

Die Ableitung an der Stelle x_0 ergibt sich aus dem Grenzwert

$$f'(x_0) = \lim_{h\to 0} m_s = \lim_{h\to 0}\,(n\,x_0^{n-1} + \text{Rest}\cdot h) = n\,x_0^{n-1}.$$

Folglich gilt für die Ableitungsfunktion von Potenzfunktionen die **Potenzregel:**

Potenzregel:
Jede Funktion f mit $f(x)=x^n$, $n\in\mathbb{N}$, besitzt die Ableitungsfunktion $f'(x)=n\cdot x^{n-1}$.

Merkregel: Schreibe den alten Exponenten als Faktor vor die Potenz; der neue Exponent ist um 1 kleiner als der alte.

3

Wie lauten die Ableitungsfunktionen? Benutze die Potenzregel.

a) $x\mapsto f(x)=x^8$ **b)** $t\mapsto f(t)=t^6$ **c)** $x\mapsto f(x)=x^{30}$

d) $x\mapsto f(x)=x$ **e)** $a\mapsto f(a)=a^2$ **f)** $p\mapsto f(p)=p$

4 Leite ab.

a) $x\mapsto f(x)=x^{n+1}$, $n\in\mathbb{N}$ **b)** $a\mapsto f(a)=a^n$, $n\in\mathbb{N}$

c) $x\mapsto f(x)=x^{k-2}$, $k\in\mathbb{N}$ **d)** $z\mapsto f(z)=z^{k+3}$, $k\in\mathbb{N}$

e) $x\mapsto f(x)=x^{2n}$, $n\in\mathbb{N}$ **f)** $p\mapsto f(p)=p^{2k+1}$, $k\in\mathbb{N}$

5

Sie haben in Kapitel 3 schon die Ableitungsfunktionen von Funktionen der Form $f(x) = x^2 + 4x$ bestimmt.

a) Wie lautet die zugehörige Ableitungsfunktion?

b) Die Funktion $f(x)$ ist die Summe zweier Funktionen, nämlich $u(x) = x^2$ und $v(x) = 4x$. Wie lauten $u'(x)$ und $v'(x)$?

c) Vergleiche $f'(x)$ mit $u'(x) + v'(x)$.

d) Untersuche auf die gleiche Weise $f(x) = x^3 + x^2$.

Nach Aufgabe 5 scheint zu gelten, daß die Ableitung einer Summe gleich der Summe der Ableitungen der einzelnen Summanden ist. Wir wollen dies allgemein nachprüfen.

6

Gegeben sei die Funktion $f(x) = u(x) + v(x)$. Dabei seien $u(x)$ und $v(x)$ zwei Funktionen, die an jeder Stelle x_0 ihres Definitionsbereichs eine Ableitung besitzen:

$$u'(x_0) = \lim_{h \to 0} \frac{u(x_0+h) - u(x_0)}{h}, \qquad v'(x_0) = \lim_{h \to 0} \frac{v(x_0+h) - v(x_0)}{h}$$

a) Wir wählen zwei Punkte auf $f(x)$, $P_0(x_0 | f(x_0))$ und $P(x_0+h | f(x_0+h))$. Vervollständige diese Schreibweise für P_0 und P:

$P_0(x_0 | u(x_0) + v(x_0))$, P(__________ | __________________)

b) Wir bilden den Differenzenquotienten und formen um:

$$m_s = \frac{f(x_0+h) - f(x_0)}{h} \qquad \text{Ersetzen}$$

$$= \frac{[u(x_0+h) + v(x_0+h)] - [u(x_0) + v(x_0)]}{h} \qquad \text{Klammern auflösen und sortieren}$$

$$= \frac{u(x_0+h) - u(x_0) + v(x_0+h) - v(x_0)}{h} \qquad \text{Auf zwei Brüche verteilen}$$

$$= \frac{u(x_0+h) - u(x_0)}{h} + \frac{v(x_0+h) - v(x_0)}{h}$$

Diese beiden Summanden sind genau die, die bei $u'(x_0)$ und $v'(x_0)$ auftreten. $f'(x_0)$ läßt sich daher folgendermaßen bilden:

$$f'(x_0) = \lim_{h \to 0} m_s$$

$$= \lim_{h \to 0} \left[\frac{u(x_0+h) - u(x_0)}{h} + \frac{v(x_0+h) - v(x_0)}{h} \right]$$

Grenzwertsatz über die Summe von Grenzwerten

$$= \lim_{h \to 0} \frac{u(x_0+h) - u(x_0)}{h} + \lim_{h \to 0} \frac{v(x_0+h) - v(x_0)}{h}$$

$$= u'(x_0) + v'(x_0)$$

Es gilt also auch allgemein die **Summenregel:**

Summenregel:
Eine Funktion $f(x) = u(x) + v(x)$, bei der $u(x)$ und $v(x)$ in demselben Bereich Ableitungsfunktionen besitzen, ist ebenfalls differenzierbar und es gilt: $f'(x) = u'(x) + v'(x)$.

Merkregel: Eine Summe von Funktionen läßt sich gliedweise ableiten.

7

Leite entsprechend wie in 6 die Regel für die Differenz von Funktionen her, d. h. bestimme die Ableitungsfunktion zu $f(x) = u(x) - v(x)$.

8

Gib die Ableitungsfunktionen unter Benutzung der Summenregel an:

a) $f(x) = x^5 + x^2$ **b)** $f(x) = x^3 + 6x$ **c)** $f(x) = x - x^4$

d) $f(x) = x^3 + x^2 - 8$ **e)** $f(x) = 3x^2 - x - 1$ **f)** $f(x) = x^{21} + x^{12}$

9

a) Bestimme und vergleiche die Ableitungsfunktionen von $f(x) = x^2 + 7$ mit $f(x) = x^2$, $f(x) = x^3 - 19$ mit $f(x) = x^3$ und $f(x) = x + 3$ mit $f(x) = x$.

b) Drei der Funktionen bestehen aus der Summe aus einer Potenz und einer reellen Zahl. Was geschieht jeweils beim Ableiten mit dem zweiten Summanden?

c) Allgemein gilt demnach:

> Alle Funktionen f mit $f(x) = u(x) + c$, $c \in \mathbb{R}$, besitzen die Ableitungsfunktion $f'(x) = u'(x)$.
> oder: Ein konstanter Summand fällt beim Ableiten weg.

d) Anschaulich bedeutet ein konstanter Summand eine Verschiebung des Graphen entlang der y-Achse. Durch eine derartige Verschiebung ändert sich jedoch nicht die Steigung an den einzelnen Punkten.

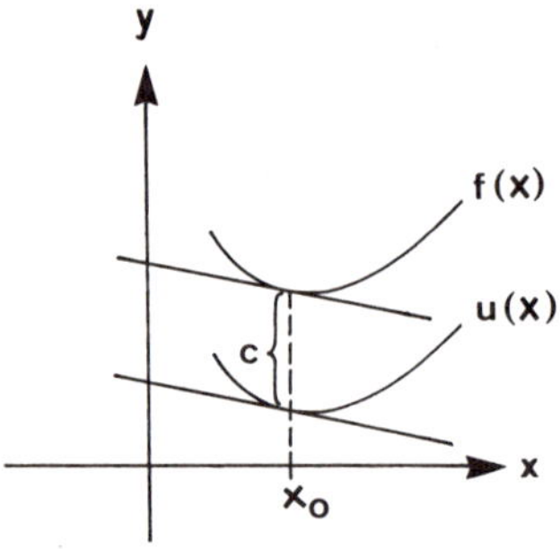

10

Beweise die Formel von Aufgabe **9** durch Bilden des Differenzenquotienten. Achte dabei darauf, an welcher Stelle der konstante Summand verschwindet.

11

a) Die Funktionen $f(x) = \frac{2}{3}x^2$ und $f(x) = 5x^2$ unterscheiden sich von der Funktion $f(x) = x^2$ jeweils nur durch einen konstanten Faktor. Nenne ihn.

b) Bestimme ihre Ableitungsfunktionen.

c) Wodurch unterscheiden sie sich jeweils von $f'(x) = 2x$?

Aufgabe **11** läßt vermuten, daß ein konstanter Faktor beim Ableiten erhalten bleibt. Wir prüfen dies im folgenden allgemein nach.

12

Die Funktion $f(x) = c \cdot u(x)$ unterscheidet sich von der Funktion $u(x)$ nur durch den konstanten Faktor $c \in \mathbb{R}$. $u(x)$ besitze an jeder Stelle x_0 ihres Definitionsbereichs eine Ableitungsfunktion und es gelte

$$u'(x_0) = \lim_{h \to 0} \frac{u(x_0 + h) - u(x_0)}{h}.$$

a) Wir wählen zwei Punkte, $P_0(x_0 | f(x_0))$ und $P(x_0 + h | f(x_0 + h))$. Schreibe auch P in der Form wie $P_0(x_0 | c \cdot u(x_0))$.

b) Wir bilden den Differenzenquotienten und formen um:

$$m_s = \frac{f(x_0+h) - f(x_0)}{h}$$ Ersetzen

$$= \frac{c \cdot u(x_0+h) - c \cdot u(x_0)}{h}$$ c ausklammern und vor den Bruch schreiben

$$= c \cdot \frac{u(x_0+h) - u(x_0)}{h}$$

Da hinter dem c der zur Funktion u (x) gehörende Differenzenquotient steht, läßt sich der Grenzwert nun leicht bilden:

$$f'(x_0) = \lim_{h \to 0} m_s$$

$$= \lim_{h \to 0} c \cdot \frac{u(x_0+h) - u(x_0)}{h}$$

$$= c \cdot \lim_{h \to 0} \frac{u(x_0+h) - u(x_0)}{h} = c \cdot u'(x_0)$$

Also gilt allgemein die folgende Regel:

Faktorregel:
Eine Funktion f mit $f(x) = c \cdot u(x)$ mit $c \in \mathbb{R}$ und einer differenzierbaren Funktion u (x) besitzt die Ableitungsfunktion $f'(x) = c \cdot u'(x)$.

Merkregel: Ein konstanter Faktor bleibt beim Ableiten erhalten.

13 Bilde die Ableitungsfunktionen.

a) $f(x) = 6x^4$ **b)** $f(t) = -3t^7$ **c)** $f(x) = \frac{2}{3}x^9$

d) $f(t) = 0{,}5t^2$ **e)** $f(x) = \sqrt{2} \cdot x^3$ **f)** $f(x) = -9x$

Auch die folgende Funktion kann man mit Hilfe der Faktorregel differenzieren. Dazu müssen Sie zunächst feststellen, welches der konstante Faktor ist.

Beispiel: $f(x) = \sqrt{3x} = \underbrace{\sqrt{3}}_{c} \cdot \underbrace{\sqrt{x}}_{u(x)}$

$$f'(x) = \sqrt{3} \cdot \frac{1}{2\sqrt{x}} = \frac{\sqrt{3}}{2\sqrt{x}}$$

14

Stelle fest, welches der konstante Faktor ist und differenziere dann:

a) $f(x) = \frac{x^2}{3}$ **b)** $f(x) = \frac{-4x^3}{7}$ **c)** $f(x) = \frac{\sqrt{5} \cdot x}{2}$

d) $f(x) = \sqrt{\frac{1}{2}x}$ **e)** $f(x) = \frac{1}{\sqrt{2} \cdot x}$ **f)** $f(x) = \frac{-6}{5x}$

15

Differenziere mit Hilfe der Faktorregel. Überlege zunächst, welches jeweils der konstante Faktor und welches die Funktion u (x) ist.

a) $f(x) = \sqrt{5x}$ **b)** $f(x) = (5x^2)^2$ **c)** $f(x) = \frac{2}{x}$

d) $f(x) = \frac{-1}{2x}$ **e)** $f(x) = \frac{x^5}{6}$ **f)** $f(x) = \frac{x^4}{\sqrt{2}}$

16

Bestimme die Ableitungsfunktion.

a) $f(x) = x^4 + 3x^2 - 5$ **b)** $f(x) = 6x^7 - 12x^3 + 9x^8 - 33$

c) $f(x) = 0{,}3x^6 - 1{,}4x + 0{,}25x^{10}$ **d)** $f(x) = \frac{5}{3}x^9 + 1\frac{3}{4}x^2 - \frac{2}{7}x^5$

e) $f(x) = \frac{2}{x} - x^2 + 2$ **f)** $f(x) = \sqrt{2x} + 2\sqrt{x} - \sqrt{2}x$

17

Beseitige zunächst die Klammern und bestimme dann die Ableitungsfunktion.

a) $f(x) = (4x^2 - 3x^5)(x^3 + 8x^4)$ **b)** $f(x) = x(x^3 + x^2)(x^4 - 1)$

c) $f(x) = (2x + 3)(2x - 3)$ **d)** $f(x) = (5x^3 - 7x^2)^2$

e) $f(x) = (x - 1)(4x + 5x^2 - 3)$ **f)** $f(x) = (x + 4)(x - 2)(2x - 1)$

1

Gegeben ist die Funktion $f(x) = 2x^2$ mit den Punkten $A(1|2)$ und $B(-3|18)$. Bestimme die Gleichung derjenigen Geraden, die den Graphen von f berührt und parallel zu der Sekante durch A und B verläuft.

2

a) Ermittle die Gleichung der Normalen an den Graphen der Funktion $f(x) = \frac{1}{4}x^2$ im Punkt $(1|0{,}25)$.

b) Welche Gerade verläuft parallel zu der Normalen und berührt den Funktionsgraphen?

3

Schreibe ohne nachzuschlagen die drei allgemeingültigen Ableitungsregeln auf.

4

Bestimme die Ableitungsfunktionen.

a) $f(x) = 2x^3 - 4x + 13 + 6x^4$

b) $f(x) = (x+3)^2$

c) $f(x) = \sqrt{5x} - \frac{5}{x}$

d) $f(x) = (x+1)\left(x - \frac{1}{x}\right)$

6. Höhere Ableitungen

1

a) Wie lautet die Ableitungsfunktion $f'(x)$ der Funktion $f(x) = x^4$?

b) $f'(x) = 4x^3$ ist natürlich ebenfalls eine Funktion. Mit Hilfe von Faktorregel und Potenzregel können Sie auch ihre Ableitungsfunktion bestimmen.

Um die Funktion, ihre Ableitungsfunktion und die Ableitungsfunktion der Ableitungsfunktion besser unterscheiden zu können, führen wir die folgenden Bezeichnungen und Schreibweisen ein:
Sei $f(x) = x^4$ die gegebene Funktion.
Dann heißt $f'(x) = 4x^3$ die **erste** Ableitungsfunktion,
$f''(x) = [f'(x)]' = 12x^2$ die **zweite** Ableitungsfunktion,
$f'''(x) = [f''(x)]' = 24x$ die **dritte** Ableitungsfunktion,
$f^{(4)}(x) = 24$ die **vierte** Ableitungsfunktion, ... usw.

> Allgemein heißt $f^{(n)}(x)$, $n \in \mathbb{N}$, die **n-te Ableitungsfunktion** der Funktion $f(x)$.
> (Lies: „f n⁻ Strich")

2

Bilde die ersten vier Ableitungsfunktionen.

a) $f(x) = x^7$

b) $f(x) = x^8 - x^5$

c) $f(x) = x^3 + 2x$

d) $f(x) = 3x^4 + 5x^6 - 2x^5$

e) $f(x) = \frac{3}{8}x^6 - \frac{7}{18}x^4 - 12$

3

Bei den Funktionen von Aufgabe 2 sind die Funktionsterme dadurch gekennzeichnet, daß es sich um Summen von Potenzfunktionen, sogenannten **Polynomen,** handelt. Derartige Funktionen nennt man **ganzrationale Funktionen.**

a) Beobachte, wie sich der jeweilige Exponent der einzelnen Potenzen von Ableitungsfunktion zu Ableitungsfunktion um 1 verkleinert.

b) Leite die Funktion $f(x) = x^3$ so oft ab, bis eine Ableitungsfunktion gleich 0 ist.

c) Wie lautet dann die nächste Ableitungsfunktion?

d) Wie lauten alle weiteren Ableitungsfunktionen?

4

Bilde sämtliche Ableitungsfunktionen der Funktionen:

a) $f(x) = \frac{2}{3} x^4$ **b)** $f(x) = 0{,}1\,x^5 - 2x^3$

5

Gegeben ist die Funktion $f(x) = \frac{1}{8} x^3 - \frac{9}{8} x^2 + \frac{15}{8} x + \frac{17}{8}$.

a) Vervollständige die Wertetabelle und skizziere den Graphen.

x	−1	0	1	2	3	4	5	6
f(x)	−1	$\frac{17}{8}$						

b) Bilde $f'(x)$. $f'(x)$ ist eine quadratische Funktion. Zeichne die zugehörige Parabel. Berechne entweder ihren Scheitelpunkt und entwickle sie von da aus oder lege eine Wertetabelle an.

c) Bestimme die übrigen Ableitungsfunktionen und zeichne ihre Graphen. Beobachte, wie der Grad der Ableitungsfunktionen abnimmt und die Graphen immer „einfacher" werden.

Sie sehen auf Seite 44 die Graphen der Funktion von Aufgabe 5 noch einmal mit ihren Ableitungsfunktionen gezeichnet. Dabei können Sie vergleichen, wie unterschiedlich die einzelnen Graphen an gewissen Stellen aussehen.

6

Zeichne die Graphen der Funktionen und ihrer Ableitungsfunktionen.

a) $f(x) = \frac{1}{8} x^3 - \frac{3}{4} x^2 + 4$ für $-3 \leq x \leq 5$

b) $f(x) = x^3 - 4x^2$ für $-1 \leq x \leq 5$

c) $f(x) = \frac{x^3}{3} - x^2 - 3x$ für $-3 \leq x \leq 4$

7

Versuche, auch von den Funktionen $f(x) = \frac{1}{x}$ und $f(x) = \sqrt{x}$ die zweite oder die dritte Ableitungsfunktion zu bilden. Begründe das Ergebnis.

Funktionsgraphen
zu Aufgabe 5

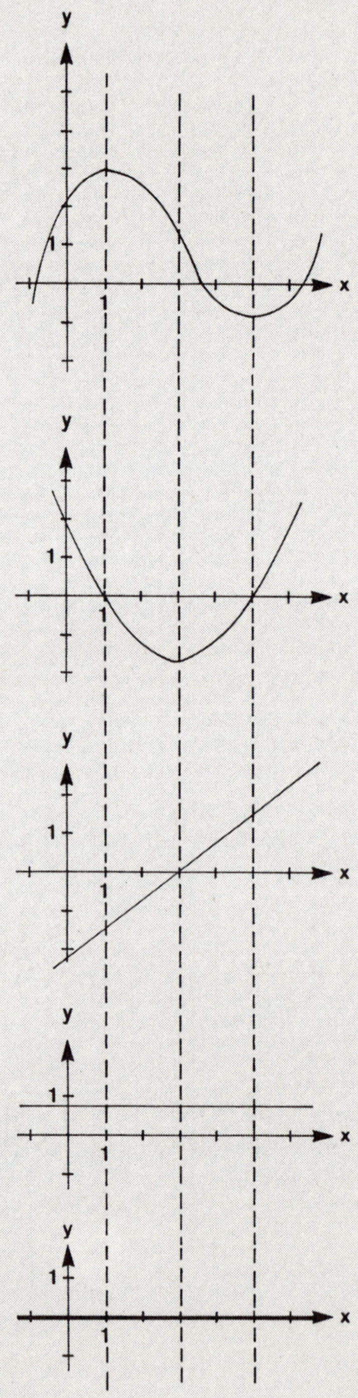

$$f(x) = \frac{1}{8}x^3 - \frac{9}{8}x^2 + \frac{15}{8}x + \frac{17}{8}$$

$$f'(x) = \frac{3}{8}x^2 - \frac{9}{4}x + \frac{15}{8}$$

$$f''(x) = \frac{3}{4}x - \frac{9}{4}$$

$$f'''(x) = \frac{3}{4}$$

$$f^{(4)}(x) = 0$$

Man kann beweisen, daß die **Potenzregel** auch **für Exponenten** gilt, die keine natürlichen Zahlen sind, sondern ganze, rationale, ja sogar reelle Zahlen. Sie lautet dann:

Potenzregel für beliebige Exponenten:
Jede Funktion f mit $f(x)=x^r$, $r \in \mathbb{R}$, besitzt die Ableitungsfunktion $f'(x)=r \cdot x^{r-1}$.

Beispiel:

$f(x) = \frac{1}{x}$. Sie wissen schon, daß gilt: $f'(x) = -\frac{1}{x^2}$.

Dieses Ergebnis kann man auch durch Anwenden der Potenzregel erhalten:

Es ist $f(x) = \frac{1}{x} = x^{-1}$.

Anwendung der Potenzregel: $f'(x)=(-1) \cdot x^{-2} = -\frac{1}{x^2}$

8

Leite ebenfalls mit Hilfe der Potenzregel die Ableitungsfunktion von $f(x)=\sqrt{x}$ her.

9

Bilde mit Hilfe von Potenz- und Faktorregel die zweite und dritte Ableitungsfunktion von $f(x) = \frac{1}{x}$.

Beobachte die Entwicklung des Exponenten. Kann irgendwann eine Ableitungsfunktion gleich 0 werden?

10

Bestimme ebenso die zweite und dritte Ableitungsfunktion von $f(x)=\sqrt{x}$.
Wann wird eine der Ableitungsfunktionen gleich 0?

7. Anwendungen II – Extremwerte von Funktionen

Eine der wichtigsten Anwendungen der Differentialrechnung betrifft die Untersuchung von Funktionen. Ziel hierbei ist es, so viele Informationen über den Verlauf des Graphen zu erhalten, daß man ihn zeichnen kann. Insbesondere spielen dabei die Punkte eine Rolle, an denen maximale oder minimale Funktionswerte auftreten.

1

Zeichne den Graphen der Funktion f mit $f(x) = -x^2 + 4x$.

a) Lies die Koordinaten des Scheitelpunkts S ab.

b) Bestimme die Funktionswerte an den Stellen $x = 1{,}5$; $1{,}8$; $2{,}1$ und $2{,}3$ und vergleiche sie mit dem Funktionswert von S.

c) Besitzt die Funktion $f(x)$ in einer Umgebung von S (rechts oder links in der Nähe von S) Funktionswerte, die größer sind als der Funktionswert von S?

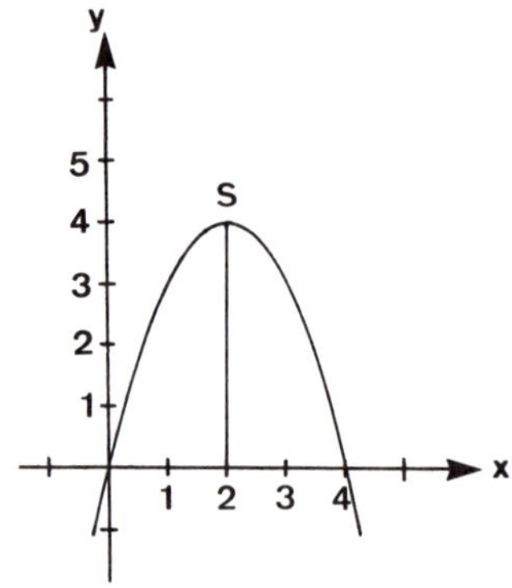

Definition:
Eine Funktion $f(x)$ besitzt an der Stelle x_0 genau dann ein lokales (relatives) **Maximum,** wenn es eine Umgebung von x_0 gibt, in der alle Funktionswerte von f kleiner als $f(x_0)$ sind.
Die Funktion besitzt an der Stelle x_0 genau dann ein lokales (relatives) **Minimum,** wenn es eine Umgebung von x_0 gibt, in der alle Funktionswerte von f größer als $f(x_0)$ sind.

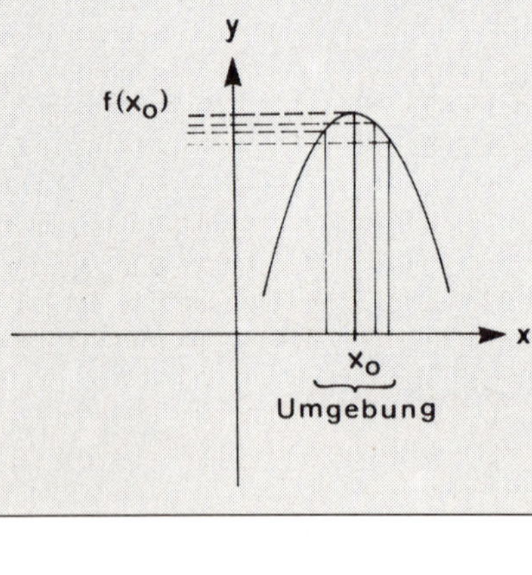

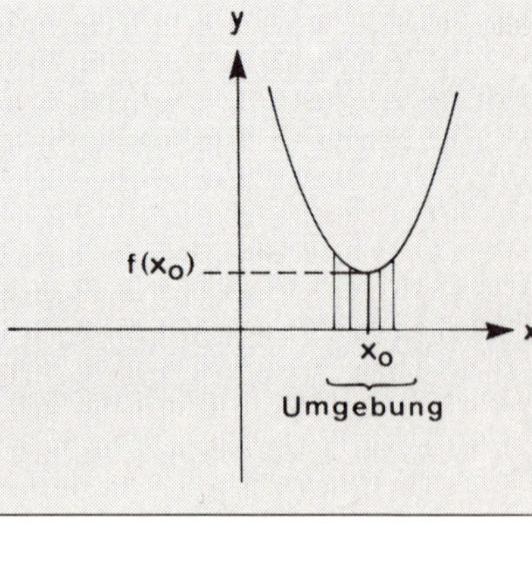

Maxima oder Minima werden auch **Extremstellen** genannt. Daneben verwendet man für sie die Namen **Hochpunkt** bzw. **Tiefpunkt.**

2

Untersuche, ob die folgenden Funktionen an den angegebenen Stellen lokale Minima oder Maxima besitzen. Bestimme dazu die Funktionswerte von Punkten, die in einer Umgebung von x_0 liegen und vergleiche sie mit $f(x_0)$.

a) $f(x) = 1{,}5x^2 + 6x + 3, \quad x_0 = 2$

b) $f(x) = x^3 - 9x^2 + 15x, \quad x_0 = 5$

c) $f(x) = -\frac{1}{3}x^2 - 2x, \quad x_0 = 3$

d) $f(x) = 2x^3 - 6x^2, \quad x_0 = 0$

Da das Berechnen einzelner Funktionswerte in der Umgebung einer möglichen Extremstelle recht aufwendig ist und meistens auch nur dann zum Ziel führt, wenn man die betreffende Stelle vorher schon kennt, wollen wir nun einen Zusammenhang zwischen Extremstellen und Ableitungsfunktionen herleiten, der uns das Auffinden und Überprüfen solcher Stellen erleichtert.

3

Gegeben sei noch einmal die Funktion $f(x) = -x^2 + 4x$ aus Aufgabe (1).
Wir wollen das Verhalten der Tangentensteigungen in einer Umgebung des lokalen Maximums $S(2|4)$ untersuchen.

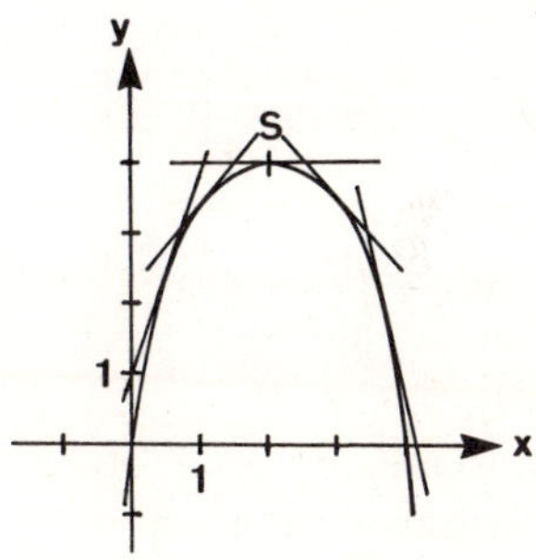

a) Wie lautet $f'(x)$?

b) Bestimme die Steigungen an den angegebenen Stellen und trage sie in die Tabelle ein.

x_0	1,5	1,8	1,9	2	2,1	2,2	2,5
$f'(x_0)$							

c) Insgesamt läßt sich beobachten, daß die Steigungen der Tangenten von links nach rechts immer kleiner werden. Das führt dazu, daß ihr Wert an einer bestimmten Stelle von einem positiven zu einem negativen Betrag wechselt und dabei 0 wird. Nenne diese besondere Stelle.

d) Das Verhalten der Steigungen kann man auch am Graphen der ersten Ableitungsfunktion ablesen. Zeichne ihn.

4

Die Funktion $f(x) = \frac{1}{8}x^3 - \frac{9}{8}x^2 + \frac{15}{8}x + \frac{17}{8}$

haben wir schon in Kapitel 6 untersucht.

a) An welchen Stellen besitzt sie lokale Extrema? Welches davon sind Maxima bzw. Minima?

b) Welchen Wert besitzt die erste Ableitungsfunktion an den Extremstellen?

c) Ist ein Extremum vorstellbar, das keine horizontale Tangente besitzt, an dem also die erste Ableitungsfunktion von 0 verschieden ist?

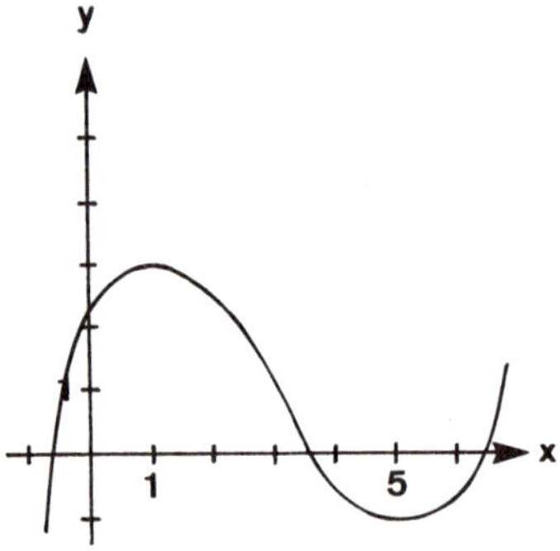

5

An welchen Stellen besitzt die Funktion $f(x) = x^3 - 12x^2 + 36x$ horizontale Tangenten? Lege dazu eine Wertetabelle an $(-1 \leq x \leq 7)$ und zeichne den Graphen (geeigneter Maßstab!). Überprüfe, ob die erste Ableitungsfunktion an den betreffenden Stellen gleich 0 ist.

6

Gezeichnet ist der Graph der Funktion $f(x) = x^3$.

a) Besitzt die Funktion ein Extremum?

b) Bilde die erste Ableitungsfunktion und dann $f'(0)$. Wie verläuft demnach die Tangente im Ursprung?

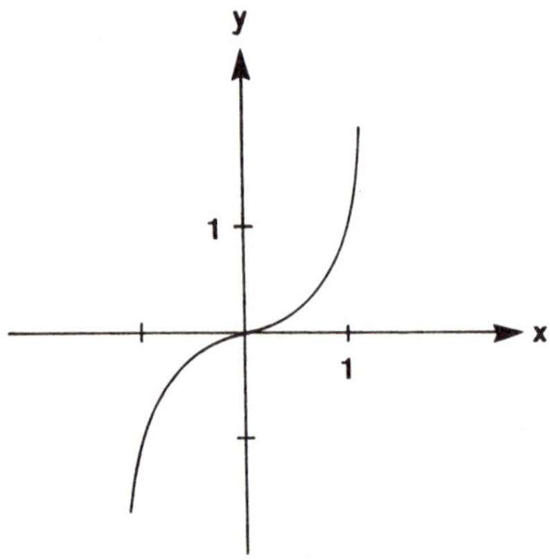

Die Aufgaben haben gezeigt, daß es für das Vorhandensein von Extremstellen notwendig ist, daß eine horizontale (waagerechte) Tangente vorliegt. Anders ausgedrückt: An einer Stelle mit schräger Tangente kann kein Extremum liegen.

Darüber hinaus sehen wir an Aufgabe 6, daß eine waagerechte Tangente allein nicht ausreicht, um ein Extremum zu beschreiben. Hier ist eine weitere Bedingung nötig.
Insgesamt ist also das Vorhandensein einer waagerechten Tangente bei Extremstellen notwendig, aber nicht hinreichend.

Notwendige Bedingung für Extremstellen:
Besitzt die Funktion $f(x)$ an der Stelle x_0 ein relatives Extremum, so ist $f'(x_0)=0$.

7

Untersuche, an welchen Stellen die folgenden Funktionen waagerechte Tangenten besitzen.

Beispiel:

$$f(x) = \frac{2}{3}x^3-4x^2+6x-5$$

1. Bestimmung der ersten Ableitungsfunktion

   $f'(x)=2x^2-8x+6$

2. Bestimmung der Nullstellen von $f'(x)$

   $0=2x^2-8x+6 \quad |:2$
   $0=x^2-4x+3$

   Lösung der quadratischen Gleichung mit Hilfe der Lösungsformel oder nach dem Satz von VIETA.

   $x=3$ oder $x=1$

Ergebnis: An den Stellen $x=1$ oder $x=3$ treten waagerechte Tangenten auf.

a) $f(x)=x^3+9x^2-21x$

b) $f(x)=2x^3-15x^2+36x+12$

c) $f(x)=\frac{3}{4}x^3-x^2$

d) $f(x)=4x^3+9x^2-12x+1$

e) $f(x)=x^3-6x^2+12x-8$

f) $f(x)=5x^3-20x+14$

8

Überprüfe, ob die folgenden Funktionen an den angegebenen Stellen horizontale Tangenten besitzen.

a) $f(x)=\frac{1}{4}x^3-3x;\ x_0=-2$

b) $f(x)=x^3-x^2-4x+4;\ x_0=1$

c) $f(x)=x^4-20x^2+64;\ x_0=0$

Wir wollen nun herausfinden, wann wir sicher sein können, daß an einer Stelle, an der eine Funktion eine waagerechte Tangente besitzt, auch ein lokales Extremum vorliegt.

9

Die Funktion $f(x) = \frac{1}{8}x^3 - \frac{9}{8}x^2 + \frac{15}{8}x + \frac{17}{8}$ besitzt an der Stelle $x = 1$ ein relatives Maximum.

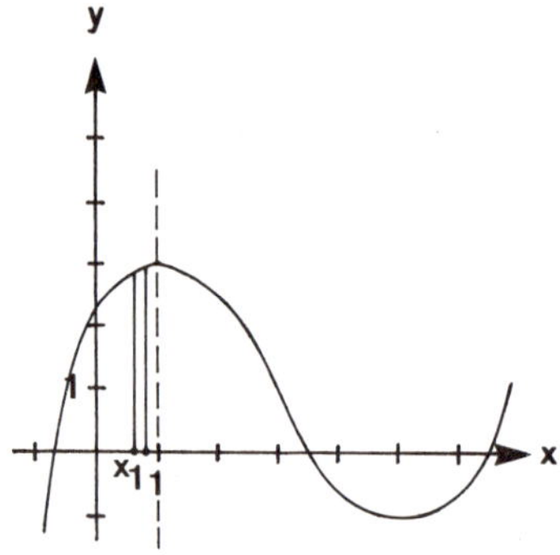

a) Bestimme die Steigungen an den Stellen $x_1 = 0{,}6$ und $x_2 = 0{,}8$.

b) An beiden Stellen, x_1 und x_2, ist die Steigung des Graphen positiv. Allerdings ist sie bei x_2 kleiner als bei x_1.

Berechne nun die Steigungen an den Stellen $x_3 = 1{,}2$ und $x_4 = 1{,}4$.

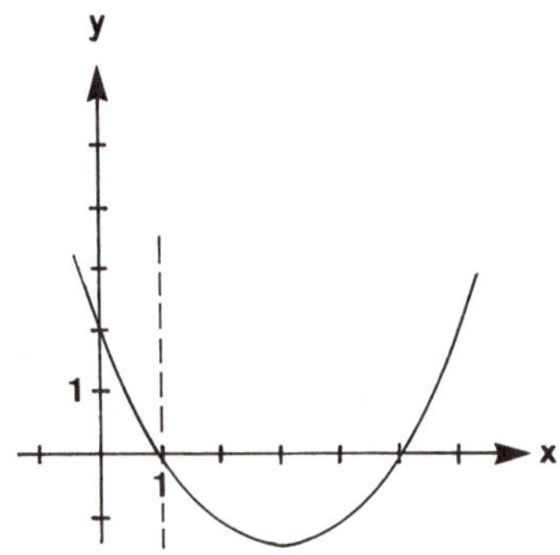

c) Während wir links vom Maximum positive Tangentensteigungen vorfinden, gibt es rechts davon negative. Dies ist auch anschaulich klar. Betrachte den Graphen der ersten Ableitungsfunktion und bestätige, daß ihre Funktionswerte links von $x = 1$ positiv und rechts davon negativ sind (zumindest in der Nähe von $x = 1$).

Ein relatives Maximum liegt also immer dann vor, wenn beim Durchlaufen einer Stelle die Tangenten vom Steigen ins Fallen übergehen. Dies ist gleichbedeutend damit, daß die erste Ableitungsfunktion an der Stelle ihr Vorzeichen wechselt und zwar von + nach −.

10

Untersuche entsprechend die Stelle $x = 5$.

a) Wie lautet das Vorzeichen der ersten Ableitungsfunktion links bzw. rechts von $x = 5$?

b) Wie verlaufen folglich die Tangenten links bzw. rechts von $x = 5$?

c) Bestätige, daß eine Funktion ein relatives Minimum haben muß, wenn die erste Ableitungsfunktion beim Durchlaufen der Stelle das Vorzeichen von − nach + wechselt.

Wir fassen zusammen:

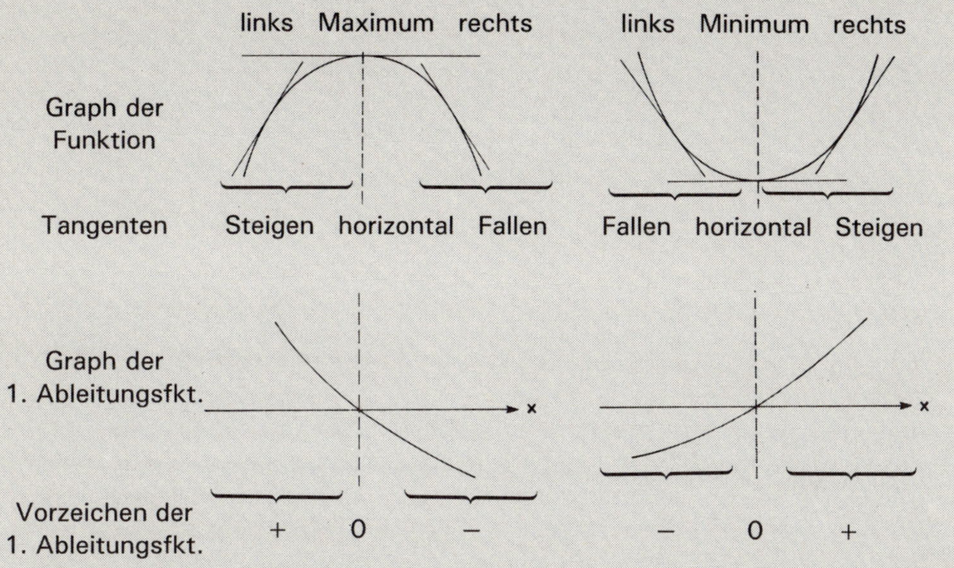

Als Ergebnis formulieren wir die folgende hinreichende Bedingung für Extrema:

Eine auf einem Intervall I differenzierbare Funktion f(x) besitzt an der Stelle $x_0 \in I$ genau dann ein lokales Extremum, wenn $f'(x_0) = 0$ ist und gilt

$f'(x) > 0$ für $x < x_0$ und $f'(x) < 0$ für $x > x_0$ (Maximum)

oder

$f'(x) < 0$ für $x < x_0$ und $f'(x) > 0$ für $x > x_0$ (Minimum).

Kurz ausgedrückt:
Wechselt f'(x) das Vorzeichen
von + nach –, so liegt ein Maximum vor,
von – nach + ein Minimum.

Mit Hilfe dieses sogenannten **Vorzeichenwechselkriteriums** kann man nun feststellen, ob eine Funktion relative Extrema besitzt und ob es sich dabei um Maxima oder Minima handelt.

Beispiel:

Gegeben ist die Funktion $f(x) = 2x^3 - 3x^2 - 36x$.

1. Wir stellen fest, ob die Funktion Stellen mit waagerechten Tangenten besitzt. Dazu bilden wir die erste Ableitungsfunktion

   $f'(x) = 6x^2 - 6x - 36$

   und untersuchen sie auf Nullstellen

   $0 = 6x^2 - 6x - 36 \quad |:6$
   $0 = x^2 - x - 6.$

   Lösen der quadratischen Gleichung liefert $x = -2$ oder $x = 3$.

2. Wir wollen nun untersuchen, ob $f'(x)$ an den betreffenden Stellen einen Vorzeichenwechsel besitzt. Dazu könnte man Funktionswerte von $f'(x)$ rechts und links der in Frage kommenden Stellen berechnen. Falls Sie im Unterricht das Horner-Schema kennengelernt haben, könnten Sie es hier benutzen und sich so die Arbeit erleichtern. Die andere Möglichkeit ist eine allgemeine Vorzeichenuntersuchung von $f'(x)$ in Form einer Vorzeichentabelle.
   Zu untersuchen ist die Funktion $f'(x) = 6x^2 - 6x - 36$.
   Aus Klasse 9 wissen Sie, daß man den Funktionsterm einer Funktion, die Nullstellen besitzt, faktorisieren kann. Ist dabei x_n eine Nullstelle, so gehört dazu der Linearfaktor $(x - x_n)$.
   Da $f'(x)$ die Nullstellen -2 und 3 besitzt, können wir schreiben:

   $$\begin{aligned} f'(x) &= 6x^2 - 6x - 36 \\ &= 6(x^2 - x - 6) && \text{Faktor 6 ausklammern} \\ &= 6(x - (-2))(x - 3) && \text{Linearfaktoren bilden} \\ &= 6(x + 2)(x - 3) \end{aligned}$$

   Beachte dabei, daß konstante Faktoren immer ausgeklammert werden müssen.

11

Bestimme die Nullstellen und faktorisiere:

a) $f'(x) = 3x^2 - 12x + 9$

b) $f'(x) = 4x^2 - 24x + 48$

c) $f'(x) = 0{,}5x^2 - 2$

d) $f'(x) = 2x^2 + 14x$

e) $f'(x) = 8x^2 - 56x + 80$

f) $f'(x) = -x^2 + 3x + 18$

Haben wir die Faktorzerlegung gefunden, so überlegen wir, für welche x-Werte die jeweiligen Faktoren positiv bzw. negativ sind.

Für $f'(x) = 6(x+2)(x-3)$ gilt:
$(x+2) > 0$ für $x > -2$
$(x+2) < 0$ für $x < -2$
$(x-3) > 0$ für $x > 3$
$(x-3) < 0$ für $x < 3$

Außerdem ist $6 > 0$.

Dieses läßt sich übersichtlicher in der folgenden Tabelle darstellen. In der Kopfzeile der Tabelle stehen die durch die Nullstellen -2 und 3 festgelegten Bereiche:

	$x<-2$	$-2<x<3$	$3<x$
$x+2$	$-$	$+$	$+$
	$x<-2$	$x>-2$	
$x-3$	$-$	$-$	$+$
	$x<3$		$x>3$
6	$+$	$+$	$+$
$f'(x) = 6(x+2)(x-3)$	$+$	$-$	$+$
	$(-)\cdot(-)\cdot(+)$	$(+)\cdot(-)\cdot(+)$	$(+)\cdot(+)\cdot(+)$

Durch das senkrechte Multiplizieren der Vorzeichen der einzelnen Faktoren erhält man so das Vorzeichen der Funktion.

12

Führe die entsprechenden Vorzeichenuntersuchungen für die Funktionen von Aufgabe 11 durch.

Für uns ist nun im Hinblick auf den Nachweis von Extremstellen von entscheidender Bedeutung, daß wir unmittelbar den Vorzeichenwechsel an den in Frage kommenden Stellen ablesen können. Dazu noch einmal die Vorzeichentabelle:

	$x<-2$	$-2<x<3$	$3<x$
$x+2$	$-$	$+$	$+$
$x-3$	$-$	$-$	$+$
6	$+$	$+$	$+$
$f'(x)$	$+$	$-$	$+$

Vorzeichenwechsel von + nach − → rel. Maximum

Vorzeichenwechsel von − nach + → rel. Minimum

Ergebnis: Die Funktion besitzt an der Stelle $x = -2$ einen Hochpunkt und an der Stelle $x = 3$ einen Tiefpunkt.

13

Untersuche die folgenden Funktionen auf Extrema und stelle die Art der Extrema fest.

- $f'(x)$ bilden
- Nullstellen von $f'(x)$ bestimmen
- Faktorzerlegung von $f'(x)$ aufschreiben
- Vorzeichentabelle anlegen
- Vorzeichentabelle ausfüllen und Art der Vorzeichenwechsel feststellen.

a) $f(x) = 4x^3 - 6x^2 - 24x + 7$ **b)** $f(x) = x^3 - 6x^2 + 4$

c) $f(x) = 2x^3 + 7{,}5x^2 - 9x$ **d)** $f(x) = x^3 - \frac{7}{2}x^2 - 6x + \frac{4}{3}$

e) $f(x) = 4x^3 + 9x^2$ **f)** $f(x) = x^4 - 2x^2$

14

Stelle fest, ob die Funktionen Hoch- oder Tiefpunkte besitzen. Prüfe dazu, ob die erste Ableitungsfunktion an den Stellen mit waagerechter Tangente das Vorzeichen wechselt.

a) $x \mapsto f(x) = 2x^3 - 5$ **b)** $x \mapsto f(x) = x^3 - 4x^2 + 4x$

c) $x \mapsto f(x) = x^3 + 3x^2 + 3x + 1$ **d)** $x \mapsto f(x) = x^4$

Neben dem eben benutzten Vorzeichenwechselkriterium kann man auch auf eine andere Weise Extrema bei Funktionen nachweisen. Hierzu bedient man sich der zweiten Ableitungsfunktion.

15

Die Funktion $f(x) = \frac{1}{8}x^3 - \frac{9}{8}x^2 + \frac{15}{8}x + \frac{17}{8}$ besitzt an der Stelle $x = 1$ einen Hochpunkt und an der Stelle $x = 5$ einen Tiefpunkt.

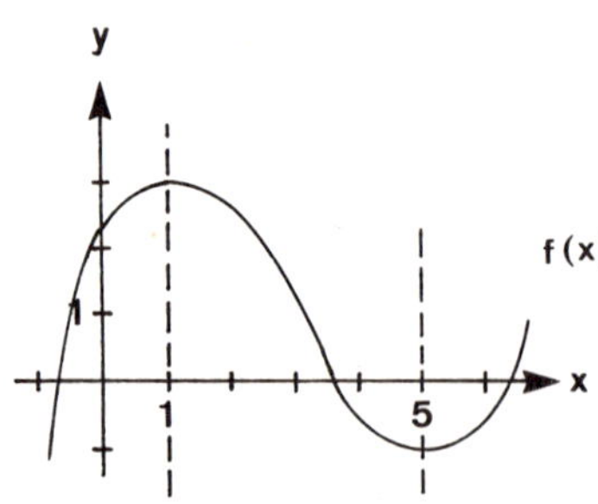

a) Welchen Funktionswert hat die erste Ableitungsfunktion an den beiden Stellen?

b) Bestimme die zweite Ableitungsfunktion. Bilde $f''(1)$ und $f''(5)$ und kontrolliere das Ergebnis an der Zeichnung.

c) Betrachte den Graphen von $f'(x)$. In welchem Bereich fällt bzw. steigt er?

d) Welches Vorzeichen müssen folglich die Funktionswerte von $f''(x)$ in diesen Bereichen haben?

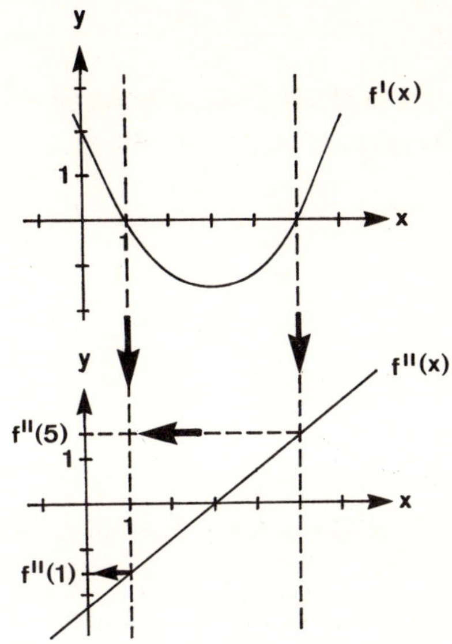

16

Sie haben bei den Funktionen von Aufgabe 13 festgestellt, an welchen Stellen sich relative Maxima oder Minima befinden.

a) Bilde zu jeder Funktion die zweite Ableitungsfunktion und setze dann die x-Werte der betreffenden Extremstellen ein.

b) Betrachte das Vorzeichen von $f''(x)$ bei relativen Maxima und vergleiche es mit dem von relativen Minima. Was fällt auf?

Wir wissen, daß eine Funktion genau dann einen Hochpunkt aufweist, wenn ihre Steigung an der Stelle gleich 0 ist und gleichzeitig die erste Ableitungsfunktion dort ihr Vorzeichen von + nach – wechselt. Die erste Ableitungsfunktion wechselt ihr Vorzeichen aber nur dann von + nach –, wenn sie monoton fällt, d. h. ihre Tangenten in einer Umgebung der Extremstelle negative Steigungen besitzen. Dies wird wiederum dadurch ausgedrückt, daß die Ableitungsfunktion von $f'(x)$, nämlich $f''(x)$, in dieser Umgebung negative Funktionswerte besitzt.

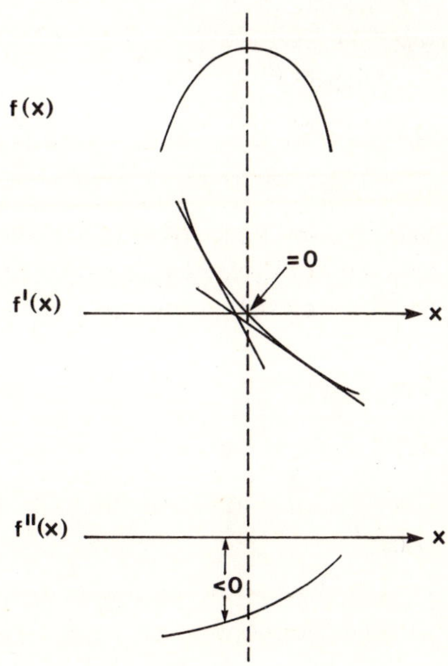

17

Vervollständige die entsprechende Zeichnung für ein Minimum.

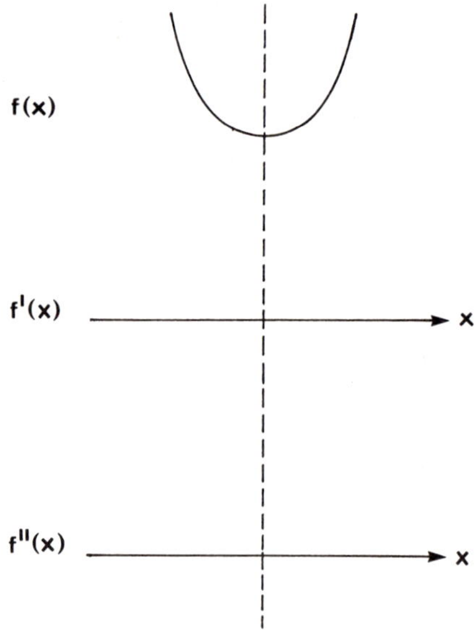

Als Ergebnis unserer Überlegungen formulieren wir ein weiteres Kriterium für Extremstellen:

Ist eine Funktion f(x) auf einem Intervall I zweimal differenzierbar und gilt für $x_0 \in I$

$f'(x_0)=0$ und $f''(x_0)<0$, so liegt ein relatives Maximum vor,

gilt dagegen

$f'(x_0)=0$ und $f''(x_0)>0$, so liegt ein relatives Minimum vor.

Dieses Kriterium eignet sich gut zur Bestimmung von Hoch- oder Tiefpunkten.

Beispiel:
Gegeben ist die Funktion $f(x)=x^3+6x^2-36x+10$.

1. Feststellen, an welchen Stellen horizontale Tangenten vorliegen. Dazu die erste Ableitungsfunktion bilden und deren Nullstellen ermitteln.

   $$f'(x)=3x^2+12x-36$$
   $$0=3x^2+12x-36 \quad |:3$$
   $$0=x^2+4x-12$$

   Lösen der quadratischen Gleichung liefert: $x=2$ oder $x=-6$.

2. Das Vorzeichen der Funktionswerte der zweiten Ableitungsfunktion an den betreffenden Stellen gibt uns Auskunft darüber, ob ein Hoch- oder ein Tiefpunkt vorliegt.
   Wir bilden deshalb die zweite Ableitungsfunktion und setzen die obigen x-Werte ein.

$f''(x) = 6x + 12$

$f''(2) = 6 \cdot 2 + 12 = 24 > 0$ — an der Stelle $x = 2$ befindet sich ein relatives Minimum

$f''(-6) = 6 \cdot (-6) + 12 = -24 < 0$ — an der Stelle $x = -6$ befindet sich ein relatives Maximum

18

Bestimme die Extrema der folgenden Funktionen.

- $f'(x)$ bilden
- Nullstellen von $f'(x)$ ermitteln
- $f''(x)$ bilden
- Nullstellen in $f''(x)$ einsetzen, Vorzeichen des erhaltenen Wertes zeigt Art des Extremums an ($- \rightarrow$ rel. Maximum, $+ \rightarrow$ rel. Minimum)

a) $f(x) = x^3 + 4{,}5x^2 - 30x + 1$

b) $f(x) = 3x^3 - 16x + 8$

c) $f(x) = 8x^3 + 24x^2 + 18x + 11$

d) $f(x) = 4x^3 - 2{,}5x^2 - 2x$

e) $f(x) = 2x^3 - 13{,}5x^2 + 5$

f) $f(x) = 8x^3 - 10x^2 + 7$

g) $f(x) = x^4 - 2x^2$

h) $f(x) = x^4 + x^3$

19

Wo liegen die Extrema der folgenden Funktionen? Führe jeweils den Nachweis mit einem der beiden Kriterien und kontrolliere mit Hilfe des anderen. Überlege, welches Verfahren jeweils günstiger ist.

a) $f(x) = 2x^3 + 5x^2 + 4x$

b) $f(x) = x^3 - 2{,}5x^2$

c) $f(x) = 3x^2 + 5x - 1$

d) $f(x) = \frac{1}{2}x^4 - 9x^2$

Möglicherweise haben Sie beim Lösen von Aufgabe 19 den Eindruck gewonnen, daß zur Bestimmung der Extrema der Weg über die zweite Ableitungsfunktion bedeutend einfacher ist, als die Vorzeichenuntersuchung von $f'(x)$. Dies trifft bei vielen Aufgaben auch wirklich zu, bei bestimmten Aufgabentypen ergeben sich jedoch Schwierigkeiten. Im folgenden wollen wir solch eine Aufgabe lösen.

20 Gegeben ist die Funktion $f(x) = x^3$.

a) An welcher Stelle besitzt sie eine waagerechte Tangente?

b) Bilde $f''(x)$.

c) Welcher Wert ergibt sich für $f''(0)$?

d) Untersuche, ob $f'(x)$ an der Stelle 0 das Vorzeichen wechselt. Welche Art von Extremum liegt also vor?

Wie Aufgabe 20 gezeigt hat, führt bei der Untersuchung der Funktion $f(x) = x^3$ die Methode über die zweite Ableitungsfunktion zu keinem Ergebnis. In der hinreichenden Bedingung werden nämlich nur Aussagen über die Fälle $f''(x_0) < 0$ und $f''(x_0) > 0$ gemacht, nicht jedoch über den Fall $f''(x_0) = 0$!

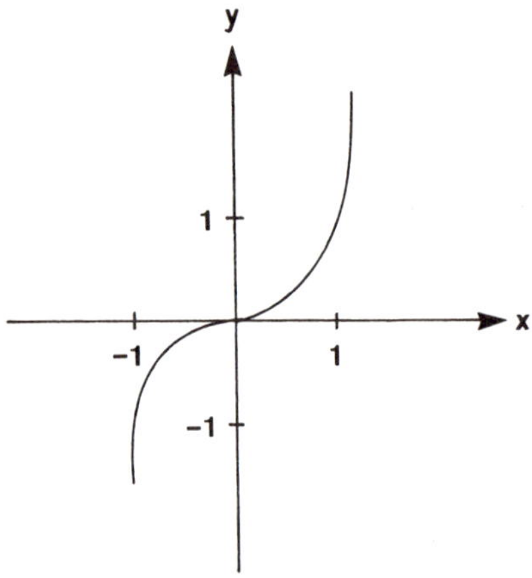

Das Vorzeichenwechselkriterium ist dagegen immer anwendbar. Da an der Stelle $x_0 = 0$ kein Vorzeichenwechsel von $f'(x)$ vorliegt, kann dort auch kein Extremum vorhanden sein. Dies können Sie am Funktionsgraphen kontrollieren.
Ein derartiger Punkt, der zwar eine waagerechte Tangente besitzt, aber kein Extremum ist, heißt **Sattelpunkt (Terrassenpunkt)**.

21

Untersuche, ob die Funktion $f(x) = x^4$ an der Stelle $x_0 = 0$ ein lokales Extremum besitzt.

a) Versuche zunächst mit Hilfe von $f''(x)$ zum Ziel zu kommen. Welche Schwierigkeit tritt auf?

b) Verwende nun das Vorzeichenwechselkriterium.

c) Zeichne den Graphen mit einem geeigneten Maßstab im Bereich $-3 \leq x \leq 3$.

22

Stelle fest, ob die Funktionen Hoch- oder Tiefpunkte besitzen. Wähle jeweils zur Untersuchung das geeignete Kriterium.

a) $f(x) = x^5 + 3$

b) $f(x) = 3x^4 - 7$

c) $f(x) = x^3 + 3x^2 + 3x + 1$

d) $f(x) = x^4 - x^3$

23

Untersuche die Funktionen auf Extrema. Benutze nach Möglichkeit das für die Aufgabe günstigere Kriterium.

a) $x \mapsto f(x) = 2 - 3x^2 + 2x^3$

b) $x \mapsto f(x) = \frac{1}{6}x^3 - 4$

c) $x \mapsto f(x) = x^5 - 5x^3$

d) $x \mapsto f(x) = 3x^4 + 4x^3 - 12x^2 - 24x$

e) $x \mapsto f(x) = x^3 - \frac{9}{2}x^2 + \frac{27}{4}x$

f) $x \mapsto f(x) = x^3 - 6x^2 + 12x - 8$

1

Bilde sämtliche Ableitungsfunktionen der Funktionen

a) $f(x) = x^5 + 3x^3$

b) $f(x) = 0{,}2x^4 - \frac{1}{2}x^2$.

2

a) Welche Bedingung ist für das Vorhandensein von Extrempunkten notwendig?

b) Welche Bedingungen sind dafür hinreichend?

c) Untersuche mit Hilfe der zweiten Ableitungsfunktion, ob die Funktion $f(x) = x^6$ an der Stelle $x_0 = 0$ ein relatives Extremum besitzt. Begründe das Ergebnis.

d) Führe die entsprechende Untersuchung mit Hilfe des Vorzeichenwechselkriteriums durch.

3

An welchen Stellen besitzen die Funktionen waagerechte Tangenten? Gib an, ob es sich dabei um Hoch-, Tief- oder Sattelpunkte handelt.

a) $f(x) = 2x^3 - 2{,}5x^2 + 3$

b) $f(x) = x^3 - 12x$

c) $f(x) = \frac{2}{3}x^3 + \frac{7}{2}x^2 - 15x + \frac{3}{4}$

d) $f(x) = x^3 - 12$

4

Untersuche die Funktionen auf relative Extrema.

a) $f(x) = \frac{5}{2}x^4 - \frac{4}{3}x^3 - 5x^2 + 4x$

b) $f(x) = 2x^3 + 0{,}5x^2 - x + 4$

c) $f(x) = \frac{1}{4}x^4 - 4x^3 + \frac{11}{2}x^2 + 1$

d) $f(x) = x^4 - 48x^3 + 96$

8. Anwendungen III – Wendepunkte von Funktionen

Neben den Extrempunkten nehmen die Wendepunkte bei der Untersuchung von Funktionen eine zentrale Stellung ein. Kann man nämlich von einer gegebenen Funktion die Nullstellen, Extrema und Wendepunkte bestimmen, so läßt sich der Verlauf des Graphen in vielen Fällen sehr genau zeichnen. Anders ausgedrückt: Wenige spezielle Punkte legen den Verlauf des Graphen fest.

1

Ein Radfahrer durchfährt während einer Fahrradtour eine Doppelkurve.
Trage unterhalb der Zeichnung ein, bei welchem Stück es sich um eine Rechtskurve bzw. Linkskurve handelt.
Bestätige, daß es zwischen beiden Kurven eine Stelle gibt, an der die Krümmung wechselt und der Radfahrer den Lenker in die entgegengesetzte Richtung herumdrehen muß.

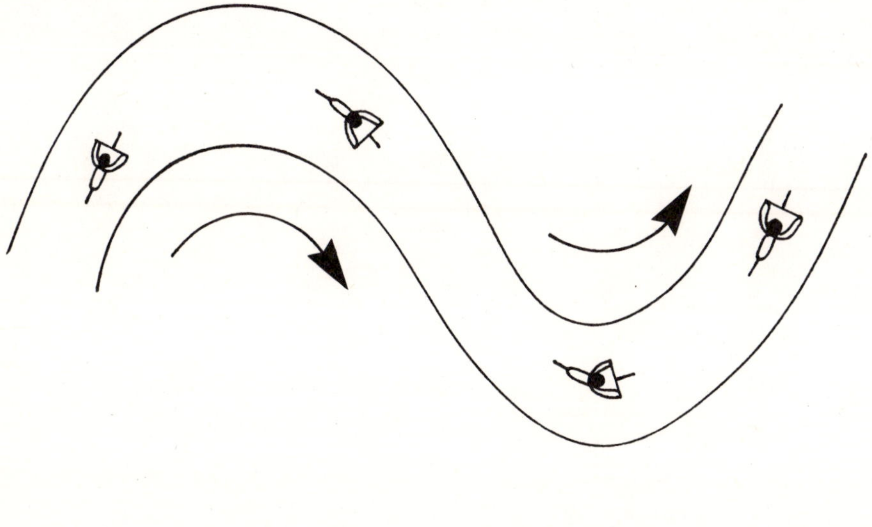

______________________ ______________________

Eine ähnliche Doppelkurve wird durch den Graphen der uns schon bekannten Funktion f mit $f(x) = \frac{1}{8}x^3 - \frac{9}{8}x^2 + \frac{15}{8}x + \frac{17}{8}$ beschrieben.

Wir suchen den Punkt, an dem die Rechtskurve endet und die Linkskurve beginnt. Bei der Betrachtung der eingezeichneten Tangenten fällt zunächst auf, daß sie sich im Bereich der Rechtskurve oberhalb, im Bereich der Linkskurve unterhalb des Graphen befinden.

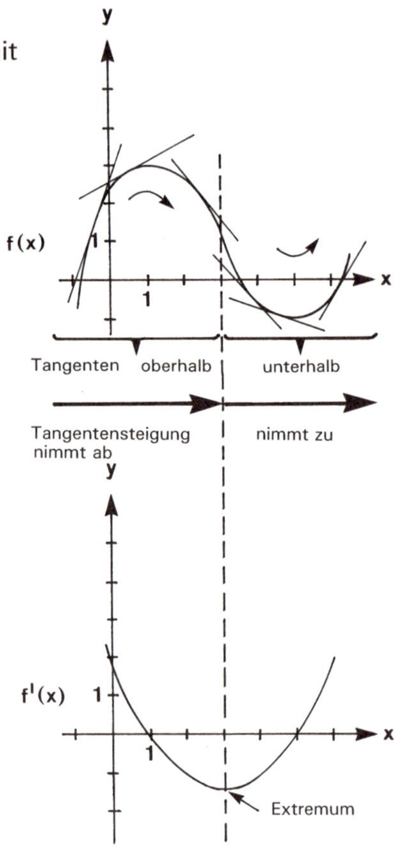

Weiter ist zu bemerken, daß die Steigung der Tangenten beim Durchlaufen einer Rechtskurve abnimmt, beim Durchlaufen einer Linkskurve dagegen zunimmt.
Hieraus folgt, daß der Graph der ersten Ableitungsfunktion, die ja die Steigung kennzeichnet, bei einer Rechtskurve fällt, während er bei einer Linkskurve ansteigt. Zwischen dem Fallen und Steigen muß der Graph von $f'(x)$ aber ein Extremum (hier: Minimum) besitzen und dieses markiert den **Wendepunkt.**

Notwendige Bedingung für das Vorhandensein eines relativen Extremums von $f'(x)$ ist aber, daß $f''(x)$ dort eine Nullstelle besitzt.

2

Untersuche, an welchen Stellen die Funktionen Wendestellen besitzen. Stelle dazu fest, wo jeweils $f'(x)$ relative Extrema besitzt.

a) $f(x) = 2x^3 + 12x^2 - 7$

b) $f(x) = 3x^4 + 6x^3 + 4x$

c) $f(x) = x^3 - \frac{3}{4}x^2 + 2x$

d) $f(x) = x^3 - 4x$

3

Ermittle diejenigen Stellen, an denen die Funktionen möglicherweise Wendepunkte haben. Bilde dazu jeweils die zweite Ableitungsfunktion und stelle fest, ob sie Nullstellen besitzt.

Wir fassen zusammen:

Ein Punkt, an dem der Graph einer Funktion von einer Rechtskrümmung in eine Linkskrümmung oder umgekehrt übergeht, heißt **Wendepunkt,** der zugehörige x-Wert **Wendestelle.**

An einer Wendestelle von f (x) besitzt f′(x) immer ein **relatives Extremum** (Maximum oder Minimum).

Daraus ergibt sich die für Wendepunkte **notwendige** Bedingung:
Ist x_0 eine Wendestelle der zweimal differenzierbaren Funktion f (x), so gilt $f''(x_0)=0$.
(Nullstelle der zweiten Ableitungsfunktion)

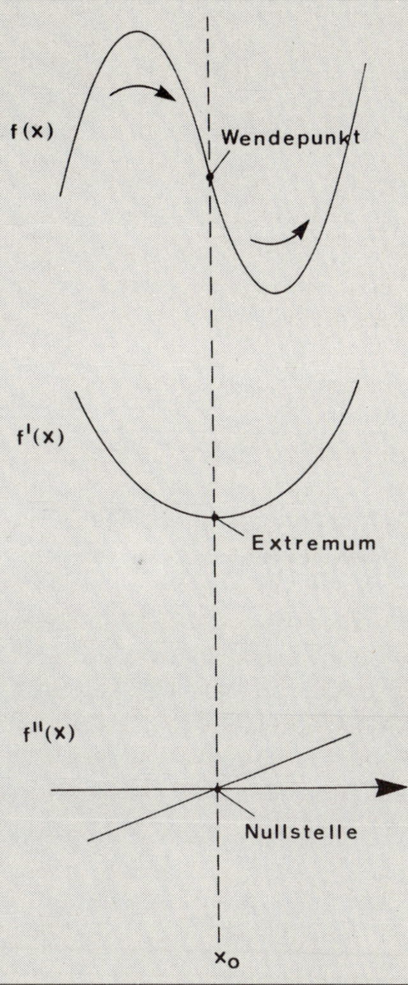

a) $f(x)=x^3-4x^2+5$

b) $f(x)=x^4+6x^2+x+1$

c) $f(x)=x^6-3x$

d) $f(x)=x^4-12x^2+3x$

Die Bedingung $f''(x_0)=0$ ist zwar notwendig, aber nicht hinreichend dafür, daß die Funktion f (x) an der Stelle einen Wendepunkt besitzt.
Folgende **Beispiele** sollen das belegen:

1. $\underline{f(x)=x^3-4x}$

$f'(x)=3x^2-4$
$f''(x)=6x$

Ermittlung möglicher Wendestellen:

$0=6x$
$x=0$

2. $\underline{f(x)=x^4+1}$

$f'(x)=4x^3$
$f''(x)=12x^2$

$0=12x^2$
$x=0$

Graph:

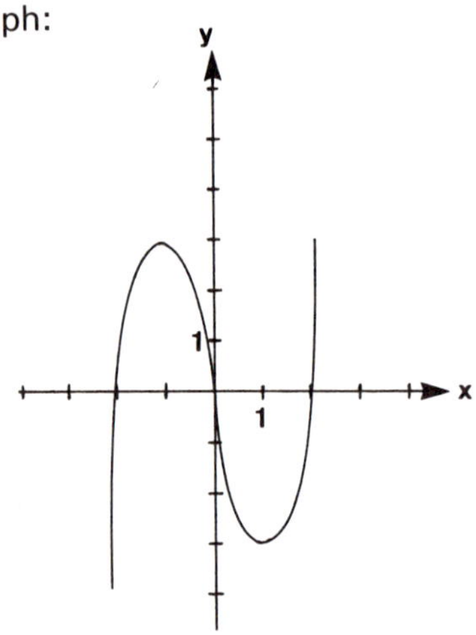

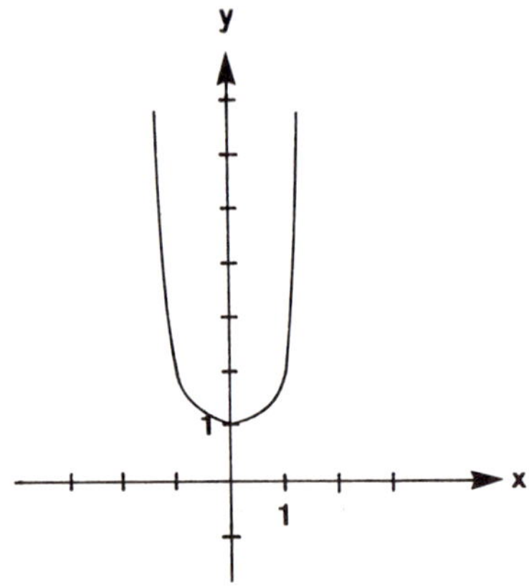

Wendepunkt an der Stelle $x = 0$ vorhanden.

Kein Wendepunkt vorhanden.

Wir wissen jedoch, daß die Funktion $f(x)$ genau dort einen Wendepunkt besitzt, wo ihre Ableitungsfunktion $f'(x)$ ein relatives Extremum hat. Hinreichende Bedingung dafür ist – vgl. Kapitel 7 –, daß die Ableitungsfunktion von $f'(x)$, nämlich $f''(x)$, an der betreffenden Stelle das Vorzeichen wechselt. Folglich läßt sich sagen:

> **Hinreichende Bedingung für Wendepunkte (Vorzeichenwechselkriterium)**
> Eine auf einem Intervall I zweimal differenzierbare Funktion $f(x)$ besitzt an der Stelle $x_0 \in I$ genau dann einen Wendepunkt, wenn $f''(x_0) = 0$ ist und $f''(x)$ an der Stelle x_0 das Vorzeichen wechselt.

4

Wir wollen noch einmal die eben vorgestellten Funktionen $f(x) = x^3 - 4x$ und $f(x) = x^4 + 1$ untersuchen.

a) Schreibe jeweils die zweite Ableitungsfunktion auf und zeichne ihren Graphen.

b) Da in beiden Fällen $x_0 = 0$ die einzige Nullstelle von $f''(x)$ ist, ergeben sich die folgenden Vorzeichentabellen. Fülle sie aus.

$f(x) = x^3 - 4x$

	$x<0$	$x>0$
$f''(x) = 6x$	−	

Ist $x<0$, dann auch $6x$, also −

$f(x) = x^4 + 1$

	$x<0$	$x>0$
$f''(x) = 12x^2$		

c) Bestätige:

⟶ Vorzeichenwechsel → Wendepunkt

⟶ kein Vorzeichenwechsel → kein Wendepunkt

5

Untersuche entsprechend, ob und an welchen Stellen die Funktionen Wendepunkte besitzen.

- erste und zweite Ableitungsfunktion bilden
- Nullstellen von $f''(x)$ berechnen
- Vorzeichentabelle anlegen (ggf. Faktorzerlegung von $f''(x)$ durchführen)
- Vorzeichentabelle ausfüllen und auf Vorzeichenwechsel achten

a) $f(x) = 4x^3 - 3x^2 + 5x - 2$

b) $f(x) = 3x^4 - 2x^3$

c) $f(x) = x^4 + 4x^3 + 6x^2 + 7$

d) $f(x) = \frac{1}{4}x^4 - 5x^3 + \frac{27}{2}x^2 - 12x$

e) $f(x) = x^3 + 3x^2 + 1$

f) $f(x) = x^4 - 8x^3 + 24x^2$

6

Ermittle die Wendepunkte der Funktionen. Bestimme an jedem Wendepunkt die Steigung des Graphen und dann die Funktionsgleichung der Wendetangente (Tangente im Wendepunkt).

a) $f(x) = 3x^2 - \frac{1}{8}x^4$

b) $f(x) = x^4 - 6x^3 + 12x^2$

c) $f(x) = x^3 + 3x^2 - 4$

d) $f(x) = 0{,}5x^3 - 4x^2 + 8x$

Sie haben gesehen, daß man die Wendepunkte einer Funktion dadurch finden kann, daß man die Extrema der ersten Ableitungsfunktion bestimmt. Für das Vorhandensein von Extremstellen hatten wir die Auswahl zwischen zwei hinreichenden Bedingungen, von denen sich die eine auf den Vorzeichenwechsel von $f'(x)$, die andere auf den Funktionswert von $f''(x)$ stützt.

Analog zu den Extremwerten gibt es auch für Wendepunkte die entsprechenden hinreichenden Bedingungen. Die Bedingungen für Wendepunkte benutzen lediglich die jeweils nächsthöhere Ableitungsfunktion.

Das Vorzeichenwechselkriterium für Wendepunkte haben wir schon nach Aufgabe [3] formuliert. Das andere Kriterium lautet so:

Hinreichende Bedingung für Wendepunkte
(Verwendung der dritten Ableitungsfunktion)

Ist eine Funktion $f(x)$ auf einem Intervall I dreimal differenzierbar und gilt für $x_0 \in I$

$$f''(x_0)=0 \quad \text{und} \quad f'''(x_0) \neq 0,$$

so besitzt $f(x)$ an der Stelle x_0 einen Wendepunkt.

Bemerkung: Sie können auch bei der Untersuchung auf Wendepunkte zwischen den beiden Kriterien wählen.

Unter Verwendung von $f'''(x)$ lassen sich Wendepunkte sehr leicht nachweisen.

Beispiel: $f(x)=\frac{1}{2}x^4+3x^3-5x$

1. Bestimmung möglicher Wendestellen, d.h. Bestimmung der Nullstellen von $f''(x)$:

$f'(x)=2x^3+9x^2-5$

$f''(x)=6x^2+18x$ — Nullsetzen von f''

$0=6x^2+18x \quad |:6$

$0=x^2+3x$ — Lösen der quadratischen Gleichung durch Ausklammern

$0=x(x+3)$

$x=0 \quad \text{oder} \quad x=-3$

2. Überprüfen, ob $f'''(x)$ an den gefundenen Stellen von Null verschieden ist:

$f'''(x)=12x+18$

$f'''(0)=12\cdot 0+18=18 \neq 0$ — Wendepunkt an der Stelle $x=0$

$f'''(-3)=12\cdot(-3)+18=-36+18=-18$ — Wendepunkt an der Stelle $x=-3$

7

Bestimme die Wendestellen der Funktionen.

- $f''(x)$ bilden
- Nullstellen von $f''(x)$ ermitteln
- $f'''(x)$ bilden
- Nullstellen in $f'''(x)$ einsetzen; ergibt sich ein von 0 verschiedener Wert, so liegt eine Wendestelle vor

a) $f(x) = x^4 - x^3$

b) $f(x) = x^4 - 18x^2 + 8x$

c) $f(x) = x^3 + 4x + 1$

d) $f(x) = 6x^4 - 12x^3 - 72x^2 + 19x$

e) $f(x) = 4x^3 - 6x^2 + 5x$

f) $f(x) = \frac{5}{2}x^4 - \frac{13}{6}x^3 - \frac{3}{2}x^2 + 3$

g) $f(x) = x^4 - 6x^2 + 1$

h) $f(x) = x^3 - 4x^2 + x - 2$

8

Bestimme die Wendepunkte und stelle die Funktionsgleichungen der zugehörigen Wendetangenten auf.

a) $f(x) = x^3 + 3x^2 + 3$

b) $f(x) = 0{,}5x^4 - x^3 - 6x^2 + 2$

c) $f(x) = \frac{1}{4}x^3 - 2x^2 + 4x$

d) $f(x) = \frac{4}{3}x^4 - \frac{9}{2}x^2 + 3x + 4$

e) $f(x) = 2x^3 - x^4$

f) $f(x) = 2x^3 - 18x^2 + 104$

9

Untersuche, ob die Funktionen $f_1(x) = x^4$ und $f_2(x) = x^5$ Wendepunkte besitzen

a) mit Hilfe der dritten Ableitungsfunktion,

b) mit Hilfe des Vorzeichenwechselkriteriums der zweiten Ableitungsfunktion.

c) Bestätige das Ergebnis anhand der Funktionsgraphen (s. Seite 68).

Aufgabe 9 zeigt, daß wie bei dem Nachweis von Extremstellen das jeweilige Vorzeichenwechselkriterium alle möglichen Fälle abdeckt. Die andere hinreichende Bedingung liefert dagegen für den Fall $f''(x) = 0$ und $f'''(x) = 0$ keine Aus-

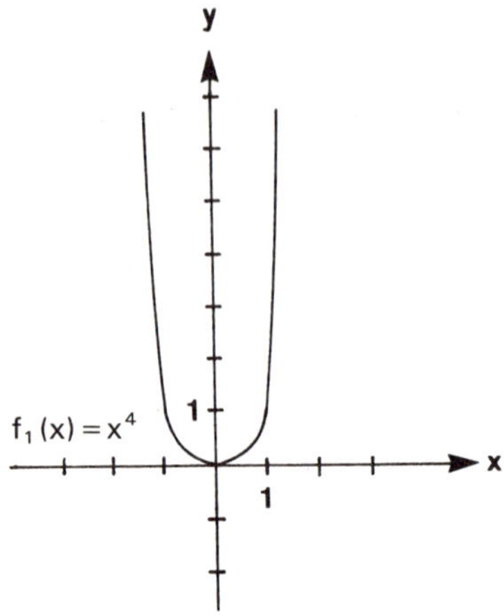

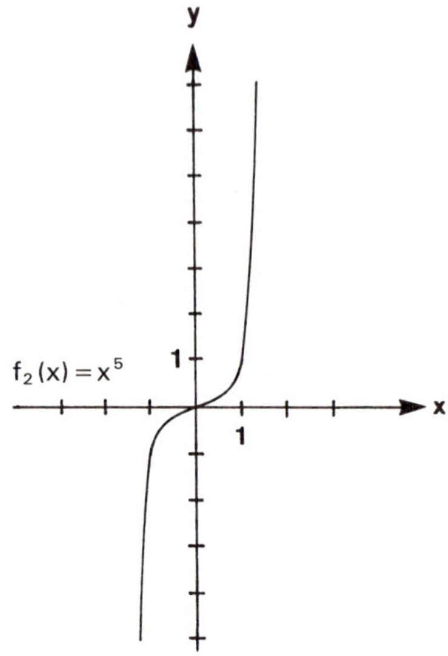

sage. Dafür bietet diese hinreichende Bedingung den Vorteil, daß sie häufig schneller zum Ziel führt.
Sie müssen daher beide Kriterien beherrschen.

10

Untersuche die Funktionen auf Wendepunkte. Wende jeweils das günstigere Kriterium an.

a) $x \mapsto f(x) = x^4 + 2x - 3$

b) $x \mapsto f(x) = x^4 - 2x^2 + 1$

c) $x \mapsto f(x) = x^4 - 4x^3 + 6x^2 - 4x + 1$

d) $x \mapsto f(x) = x^3 + 6x^2 + 12x + 8$

e) $x \mapsto f(x) = 2x^3 - 3x^4 + 5$

f) $x \mapsto f(x) = 1{,}5x^4 + 6x^3 + 9x^2 + 3{,}5$

Es gibt bei der Bestimmung der Extrema und der Wendepunkte im Prinzip nur einen Unterschied, nämlich den Grad der verwendeten Ableitungsfunktionen.
In der folgenden Übersicht sind noch einmal alle notwendigen und hinreichenden Bedingungen zusammengefaßt: (VZW heißt Vorzeichenwechsel)

	Notwendige Bedingung	Hinreichende Bedingungen	
		oder	
Extrema	$f'(x) = 0$	$f'(x) = 0$ und VZW von f'	$f'(x) = 0$ und $f''(x) \neq 0$
Wendepunkte	$f''(x) = 0$	$f''(x) = 0$ und VZW von f''	$f''(x) = 0$ und $f'''(x) \neq 0$

11

Bestimme Extremstellen und Wendestellen der Funktionen.

a) $f(x)=2x^3+6x^2+12x+1$

b) $f(x)=x^4-18x^2+3$

c) $f(x)=3x^3-\frac{3}{4}x^2-3x$

d) $f(x)=\frac{1}{12}x^4-\frac{3}{2}x^2+\frac{1}{4}$

e) $f(x)=x^4-2{,}5x^3-2x+2$

f) $f(x)=2x^3-6x^2+3$

12

Überprüfe, ob die Funktionen an den angegebenen Stellen Extrema oder Wendepunkte besitzen.

a) $f(x)=x^9-3x-4;\quad x_0=0$

b) $f(x)=x^3-9x^2+27x-27;\quad x_0=3$

c) $f(x)=x^4+x^3-3x^2-5x-2;\quad x_0=-1$

d) $f(x)=x^6-9x^4-81x^2;\quad x_0=3$

13

Bestimme die Nullstellen, Extrema und Wendepunkte der Funktionen und skizziere die Funktionsgraphen.

a) $f(x)=\frac{1}{6}x^4-\frac{3}{2}x^2$

b) $f(x)=x^3-3x^2+4$

c) $f(x)=\frac{1}{12}x^3-\frac{1}{2}x^2+\frac{3}{4}x$

d) $f(x)=2x^4-4x^3$

e) $f(x)=3x^4-6x^2+3$

f) $f(x)=x^3+6x^2+9x$

(*) 9. Weitere Ableitungsregeln

Sie kennen schon einige Ableitungsregeln aus den Anfangskapiteln dieses Trainingsbuches, und zwar die Potenz-, Summen- und Faktorregel. Für die bisher untersuchten Funktionen, die ganzrationalen Funktionen, reichen diese Regeln auch völlig aus. Da Sie später aber auch andere Funktionen untersuchen und ableiten werden, z. B. gebrochen rationale oder Wurzelfunktionen, ist es notwendig, weitere Regeln herzuleiten.

1

Schreibe noch einmal die Potenz-, Summen- und Faktorregel auf.

2

Die Funktion $f(x) = (x+1) \cdot x^2$ kann man ableiten, obwohl es sich beim Funktionsterm um ein Produkt handelt. Multipliziere aus und leite dann ab.

3

Die Funktion $f(x) = (x+1) \cdot x^2$ kann man auch auffassen als das Produkt $f(x) = u(x) \cdot v(x)$ zweier Funktionen $u(x) = x+1$ und $v(x) = x^2$.

a) Bilde $u'(x)$ und $v'(x)$.

b) Bilde $u'(x) + v'(x)$, $u'(x) \cdot v'(x)$ und $u'(x) \cdot v(x) + u(x) \cdot v'(x)$.
Vergleiche jeweils mit dem Ergebnis von Aufgabe 2.

4

Die Funktion $f(x) = (x^2 + 2x) \cdot (4x - 3)$ ist abzuleiten.

a) Multipliziere aus und bestimme dann $f'(x)$.

b) Schreibe $f(x) = u(x) \cdot v(x)$. Bilde $u'(x)$ und $v'(x)$ und $u'(x) \cdot v(x) + u(x) \cdot v'(x)$.
Was kann man feststellen?

Nach den Aufgaben scheint folgende Regel zu gelten:

Produktregel:
Sind die Funktionen $u(x)$ und $v(x)$ an der Stelle x differenzierbar, so ist es auch die Funktion $f(x)=u(x)\cdot v(x)$ und es gilt

$$f'(x)=u'(x)\cdot v(x)+u(x)\cdot v'(x).$$

Merkregel: Ableitung eines Produktes
= (Ableitung des ersten Faktors) · (zweiter Faktor)
+ (erster Faktor) · (Ableitung des zweiten Faktors)

Die eben formulierte Regel läßt sich auch beweisen. Wir wollen diesen Beweis hier aber nicht führen. Sie können ihn in jedem Mathematikbuch nachlesen.

Beispiel:
$f(x)=(x^2+1)\cdot(x^4-5x^3)$

Wir nennen $u(x)=x^2+1$ und $v(x)=x^4-5x^3$.
Dann ist $u'(x)=2x$ und $v'(x)=4x^3-15x^2$.

Nach der Produktregel erhalten wir:

$$\begin{aligned} f'(x) &= u'(x)\cdot v(x)+u(x)\cdot v'(x) \\ &= 2x\cdot(x^4-5x^3)+(x^2+1)\cdot(4x^3-15x^2) \\ &= 2x^5-10x^4+4x^5+4x^3-15x^4-15x^2 \\ &= 6x^5-25x^4+4x^3-15x^2 \end{aligned}$$

5

Bilde die Ableitungsfunktionen mit Hilfe der Produktregel. Schreibe dazu $u(x)$ und $v(x)$ auf und bestimme $u'(x)$ und $v'(x)$.

a) $f(x)=(3x^2-5)\cdot(x^3+2x)$

b) $f(x)=(x^4+2x^3)\cdot(6x^2-4x)$

c) $f(x)=(x+3)\cdot(2x-1)$

d) $f(x)=2x^3\cdot(3x-x^2)$

e) $f(x)=\left(\frac{1}{2}x^2+6x\right)\cdot\left(\frac{3}{4}x-\frac{1}{6}x^3\right)$

f) $f(x)=(3{,}5x^4-0{,}2x)\cdot 8x^3$

g) $f(x)=(x^4-3x^2-5)\cdot 6x^3$

h) $f(x)=(x^2+x+1)\cdot(4x^3-x^4)$

6

Bestimme $f'(x)$. Schlage gegebenenfalls die Ableitungen von $\sqrt{x}$ und $\sqrt{x+1}$ nach. Vereinfache den Funktionsterm der Ableitungsfunktion möglichst weit.

a) $f(x)=\sqrt{x}\cdot(x^2+3x)$

b) $f(x)=x\cdot\sqrt{x}$

c) $f(x)=\sqrt{x+1}\cdot(x-2x^3)$

d) $f(x)=x^2\cdot\sqrt{x+1}$

e) $f(x)=x\cdot(\sqrt{x}-1)$

f) $f(x)=\sqrt{x}\cdot\sqrt{x+1}$

g) $f(x)=(x^2+3x+6)\cdot\sqrt{x}$

h) $f(x)=(\sqrt{x}+2)\cdot(4-\sqrt{x})$

7

Leite nach der Produktregel ab. Beachte, daß man zunächst zwei Faktoren zu der Funktion $u(x)$ zusammenfassen und bei deren Ableitung erneut die Produktregel anwenden kann.

Beispiel:

$f(x) = (4x-3x^2)\cdot(x+2)\cdot(x^3+5x)$

$u(x) = (4x-3x^2)\cdot(x+2); \quad v(x)=x^3+5x$

$u'(x) = (4-6x)\cdot(x+2)+(4x-3x^2)\cdot 1$

$= 4x-6x^2+8-12x+4x-3x^2$

$= 8-4x-9x^2$

$v'(x) = 3x^2+5$

$f'(x) = u'(x)\cdot v(x)+u(x)\cdot v'(x)$

$= (8-4x-9x^2)\cdot(x^3+5x)+(4x-3x^2)\cdot(x+2)\cdot(3x^2+5)$

$= 8x^3+40x-4x^4-20x^2-9x^5-45x^3+(4x^2+8x-3x^3-6x^2)\cdot(3x^2+5)$

$= 40x-20x^2-37x^3-4x^4-9x^5+(8x-2x^2-3x^3)\cdot(3x^2+5)$

$= 40x-20x^2-37x^3-4x^4-9x^5+24x^3+40x-6x^4-10x^2-9x^5-15x^3$

$= 80x-30x^2-28x^3-10x^4-18x^5$

a) $f(x)=(x+1)\cdot(x^2-1)\cdot(3x+x^2)$

b) $f(x)=(x-2)\cdot(x-3)\cdot(x-4)$

c) $f(x)=(x^2+3)\cdot(x^2-x)\cdot(x^3+2x^2)$

d) $f(x)=\sqrt{x}\cdot(x-3)\cdot 5x^2$

e) $f(x)=x\cdot\sqrt{x}\cdot(x+3)$

8

Bestimme $f'(x)$. Überlege, ob man statt der Produktregel auch andere Regeln benutzen kann (Funktionsterm ggf. umformen!). Entscheiden Sie sich für den günstigsten Weg und überprüfen Sie das Ergebnis durch eine andere Vorgehensweise.

a) $f(x) = 4x^2 \cdot x^3 \cdot 2x$ **b)** $f(x) = x^4 \cdot (2x + 3x^2) \cdot 2x$

c) $f(x) = \frac{1}{x} \cdot 5x^3 \cdot (2x - 3)$ **d)** $f(x) = \sqrt{x} \cdot (x^2 - 4) \cdot \sqrt{x}$

Nachdem wir eine Formel zum Ableiten eines Produktes von Funktionen kennengelernt haben, wollen wir nun die entsprechende Formel für den Quotienten zweier Funktionen herleiten.

9 Gegeben ist die Funktion $f(x) = \frac{x^2 + 1}{x}$.

a) Bestätige, daß man nach Division durch x auch schreiben kann $f(x) = x + \frac{1}{x}$ und bestimme $f'(x)$ mit Hilfe der Summenregel.

b) Setze $u(x) = x^2 + 1$ und $v(x) = x$. Bilde $u'(x)$ und $v'(x)$ und prüfe nach, aus welcher der folgenden Formeln sich für $f'(x)$ das Ergebnis von **a)** ergibt.

1. $u'(x) \cdot v(x) - u(x) \cdot v'(x)$

2. $\frac{u(x) \cdot v'(x) - u'(x) \cdot v(x)}{(v(x))^2}$

3. $\frac{u'(x) \cdot v(x) - u(x) \cdot v'(x)}{(v(x))^2}$

Auch allgemein gilt die

Quotientenregel:
Sind die Funktionen $u(x)$ und $v(x)$ mit $v(x) \neq 0$ an der Stelle x differenzierbar, so ist es auch die Funktion $f(x) = \frac{u(x)}{v(x)}$ und es gilt:

$$f'(x) = \frac{u'(x) \cdot v(x) - u(x) \cdot v'(x)}{(v(x))^2}$$

Merkregel:
Ableitung eines Quotienten

$$= \frac{\text{(Ableitung des Zählers)} \cdot \text{Nenner} - \text{Zähler} \cdot \text{(Ableitung des Nenners)}}{\text{Quadrat des Nenners}}$$

Den Beweis wollen wir hier nicht führen. Sie können ihn gegebenenfalls nachschlagen.

Das folgende Beispiel zeigt, wie man mit der Quotientenregel rechnen kann. Gesucht ist die Ableitungsfunktion von $f(x) = \frac{x^2+2x}{3x-4}$.

Wir setzen $u(x) = x^2 + 2x$ und $v(x) = 3x - 4$.

Dann ist $u'(x) = 2x + 2$ und $v'(x) = 3$.

Wir setzen in die Quotientenregel ein und vereinfachen:

$$\begin{aligned} f'(x) &= \frac{u'(x) \cdot v(x) - u(x) \cdot v'(x)}{(v(x))^2} \\ &= \frac{(2x+2)\cdot(3x-4) - (x^2+2x)\cdot 3}{(3x-4)^2} \\ &= \frac{6x^2+6x-8x-8-3x^2-6x}{(3x-4)^2} \\ &= \frac{3x^2-8x-8}{(3x-4)^2} \end{aligned}$$

10

Bestimme die Ableitungsfunktionen mit Hilfe der Quotientenregel. Schreibe immer zunächst $u(x)$ und $v(x)$ auf und bilde dann $u'(x)$ und $v'(x)$.

a) $f(x) = \frac{2x^2+3}{x-1}$

b) $f(x) = \frac{x^2+4x}{x^2-5}$

c) $f(x) = \frac{4x-1}{x^2+2x}$

d) $f(x) = \frac{x+1}{x-1}$

e) $f(x) = \frac{x}{x^2-3}$

f) $f(x) = \frac{2}{x^2+3x}$

g) $f(x) = \frac{x^2+2x}{x-3}$

h) $f(x) = \frac{x+5}{2x^2-3x}$

11

Leite ab und vereinfache möglichst weit.

a) $f(x) = \frac{x^2+3x-4}{x+2}$

b) $f(x) = \frac{x^2+1}{x^2-1}$

c) $f(x) = \frac{x^3-4x+1}{x^2+6x}$

d) $f(x) = \frac{1}{x^2-6x+5}$

e) $f(x) = \dfrac{x^3}{1-x^2}$

f) $f(x) = \dfrac{x-2}{x^2-x-1}$

g) $f(x) = \dfrac{4x}{2-x}$

h) $f(x) = \dfrac{2x^2}{3x^2-2x+1}$

12

Gesucht ist die Ableitungsfunktion von $f(x) = (3x+1)^2$.

a) Bestimme $f'(x)$ mit Hilfe der Produktregel.

b) Verändere den Funktionsterm mit Hilfe der ersten binomischen Formel und differenziere dann.

Entsprechend könnte man auch vorgehen, wenn die Funktion $f(x) = (3x+1)^{10}$ zu differenzieren ist. Leider ist diese Methode hier sehr aufwendig.
Darüber hinaus gibt es Funktionen, die wir mit keiner der bisher kennengelernten Regeln differenzieren können, z. B. $f(x) = \sqrt{3x+1}$ oder $f(x) = \dfrac{1}{\sqrt{x+2}}$.
Derartige Funktionsterme lassen sich leider auch nicht in geeigneter Weise umformen, wie wir es in Aufgabe 12 b) getan haben.
Wir wollen daher eine weitere Regel herleiten, die sich für diese Zwecke eignet.

Dazu betrachten wir noch einmal die Funktion $f(x) = (3x+1)^2$.
Wollten wir einen Funktionswert berechnen, z. B. an der Stelle $x = 2$, so hätten wir folgendes zu tun:

$f(2) = (3 \cdot 2 + 1)^2$	Einsetzen
$\quad = 7^2$	Klammer ausrechnen
$\quad = 49$	Quadrieren

Die zwei Rechenschritte – Klammer ausrechnen bzw. Quadrieren – geben die Struktur der Funktion $f(x)$ wieder: es handelt sich dabei nämlich um eine **verkettete Funktion.**

Wir unterscheiden die **innere Funktion** und die **äußere Funktion,** deren Funktionsvorschriften so lauten können:

innere Funktion: Multipliziere mit 3 und addiere 1
äußere Funktion: Quadriere

Es ist daher sinnvoll, für die innere und die äußere Funktion Bezeichnungen einzuführen. Dabei benutzen wir die Hilfsvariable u und substituieren $u = 3x+1$:

innere Funktion $g(x)$: $g\colon x \mapsto u = 3x+1$
äußere Funktion $h(u)$: $h\colon u \mapsto y = u^2$

Anstatt die Zuordnung $x \mapsto y$ direkt auszuführen, kann man also auch einen Umweg über u beschreiben, der folgendermaßen dargestellt werden kann:

$$f\colon x \mapsto y = (3x+1)^2$$

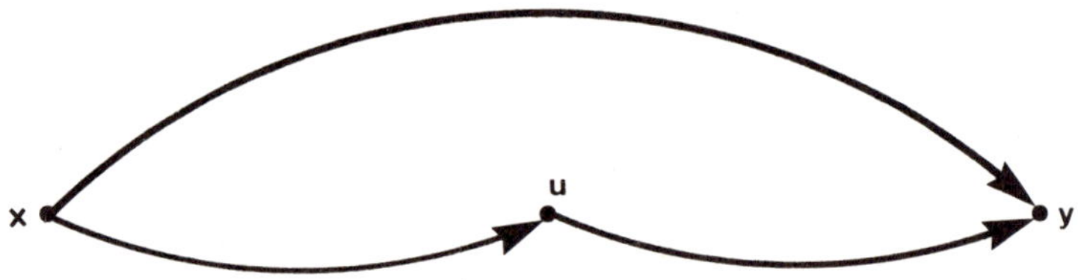

$g\colon x \mapsto u = 3x+1$ $\qquad$ $h\colon u \mapsto y = u^2 = (3x+1)^2$

Man kann auch kurz schreiben $f(x) = h(u) = h[g(x)]$ mit $u = g(x)$.

13

Notiere entsprechend u, g (x) und h (u) bei den Funktionen:

a) $f(x) = (x-2)^4$

b) $f(x) = \dfrac{1}{x^2+1}$

c) $f(x) = \sqrt{3x+1}$

d) $f(x) = \sqrt[3]{x-4}$

e) $f(x) = \dfrac{1}{(x+3)^2} = (x+3)^{-2}$

f) $f(x) = \dfrac{1}{\sqrt{x-1}}$

14

Gegeben ist noch einmal die Funktion $f(x) = (3x+1)^2$.

a) Notiere u, g (x) und h (u) und bestimme $g'(x)$ und $h'(u)$.

b) Bilde $h'(u) \cdot g'(x)$. Ersetze darin u durch $3x+1$ und vergleiche das Ergebnis mit $f'(x)$.

Über den Umweg über u kommen wir also auch zu dem gewünschten Ergebnis. Dahinter steckt die folgende Regel:

Kettenregel:
Ist die Funktion $g(x)$ an der Stelle x und die Funktion $h(u)$ an der Stelle u mit $u=g(x)$ differenzierbar, so ist es auch die verkettete Funktion $f(x)=h(u)=h[g(x)]$ und es gilt:

$$f'(x)=h'(u)\cdot g'(x)=h'[g(x)]\cdot g'(x)$$

Merkregel:
Ableitung einer verketteten Funktion
= (Ableitung der äußeren Funktion h) · (Ableitung der inneren Funktion g)

Auf einen Beweis der Kettenregel wollen wir hier verzichten. Die Regel gilt zwar für alle differenzierbaren Funktionen, ein relativ einfacher Beweis ließe sich jedoch ohnehin nur für die monotonen Funktionen durchführen.
Stattdessen sollen die folgenden Beispiele demonstrieren, wie Sie mit Hilfe der Kettenregel Ableitungsfunktionen ermitteln können.

1. $f(x)=(3x+1)^{10}$
   Es ist $u=g(x)=3x+1$ die innere Funktion
   und $h(u)=u^{10}$ die äußere Funktion.

   Weiter gilt $g'(x)=3$ und $h'(u)=10u^9$ nach den bekannten Ableitungsregeln. Hieraus setzen wir zusammen:

   $$f'(x)=h'(u)\cdot g'(x)=10u^9\cdot 3=10(3x+1)^9\cdot 3=30(3x+1)^9$$

2. $f(x)=\dfrac{1}{x^2-4x}$

   Hier ist $u=g(x)=x^2-4x$ die innere Funktion
   und $h(u)=\dfrac{1}{u}$ die äußere Funktion.

   Hiervon können wir die Ableitungsfunktionen bestimmen:

   $g'(x)=2x-4$ und $h'(u)=\dfrac{-1}{u^2}$.

   Folglich gilt:

   $$f'(x)=h'(u)\cdot g'(x)=\frac{-1}{u^2}\cdot(2x-4)=\frac{-(2x-4)}{(x^2-4x)^2}=\frac{-2x+4}{(x^2-4x)^2}$$

15

Bestimme nach der Kettenregel die Ableitungsfunktionen.

- innere $(g(x))$ und äußere $(h(u))$ Funktion notieren
- Ableitungsfunktionen ermitteln
- $h'(u) \cdot g'(x)$ bilden und verbleibendes u durch $g(x)$ ersetzen
- Funktionsterm möglichst weit vereinfachen

a) $f(x) = (5x+8)^7$

b) $f(x) = (x^2+x)^4$

c) $f(x) = (2x^2-3x+4)^3$

d) $f(x) = (x-1)^6$

e) $f(x) = \dfrac{1}{3x-5}$

f) $f(x) = \dfrac{1}{4x^2+2x}$

g) $f(x) = \dfrac{1}{x^2+3x-4}$

h) $f(x) = \dfrac{1}{x^3+x^2}$

16

Differenziere und vereinfache.

a) $x \mapsto f(x) = \sqrt{3x+1}$

b) $x \mapsto f(x) = \sqrt{x-1}$

c) $x \mapsto f(x) = \sqrt{x^2+3}$

d) $x \mapsto f(x) = \sqrt{x^2-2x+2}$

e) $x \mapsto f(x) = \sqrt{x^3+x}$

f) $x \mapsto f(x) = \sqrt{x-1}+1$

g) $x \mapsto f(x) = \dfrac{1}{\sqrt{x+3}}$

h) $x \mapsto f(x) = \dfrac{1}{\sqrt{x^2+3x}}$

17

Bestimme die erste Ableitungsfunktion. Überlege zunächst, welche der Ableitungsregeln man anwenden kann.

a) $f(x) = \dfrac{x}{x+1}$

b) $f(x) = \dfrac{1}{x^2+x+1}$

c) $f(x) = (2x-1)^3$

d) $f(x) = (x+4) \cdot (x^3+4)$

e) $f(x) = \frac{1}{(x+1)^2}$

f) $f(x) = \frac{x}{(x+1)^2}$

g) $f(x) = (x^2+3) \cdot \frac{1}{x}$

h) $f(x) = \frac{5}{7x-10}$

18

Finde die jeweils günstigste Vorgehensweise und differenziere.

a) $f(x) = (x+2x^2)^3$

b) $f(x) = \frac{1}{x^2+3}$

c) $f(x) = \frac{x^2}{x^2+3}$

d) $f(x) = \sqrt{x} \cdot \sqrt{x+1}$

e) $f(x) = \frac{x^2+2x-2}{x}$

f) $f(x) = \frac{2}{\sqrt{x-2}}$

10. Anwendungen IV – Extremwertaufgaben mit Nebenbedingungen

Bei diesen Aufgaben handelt es sich um Anwendungsaufgaben, die Probleme aus ganz anderen Gebieten der Mathematik (Algebra, Geometrie) aber auch aus der Physik oder der Wirtschaft stellen. Immer ist der Kern einer solchen Aufgabe ein Optimierungsproblem, d. h., aus einer Menge gleichartiger „Objekte" soll das Objekt herausgefunden werden, das in bezug auf eine bestimmte Eigenschaft optimal, also am günstigsten, ist.

1

In einer Schokoladenfabrik sollen die Pralinen in Schachteln mit quadratischer Grundfläche verpackt werden. Jede Schachtel soll aus einem 100 cm^2 großen Stück Pappe gefertigt werden. Welche Kantenlängen hat diejenige Schachtel mit dem größten Volumen?

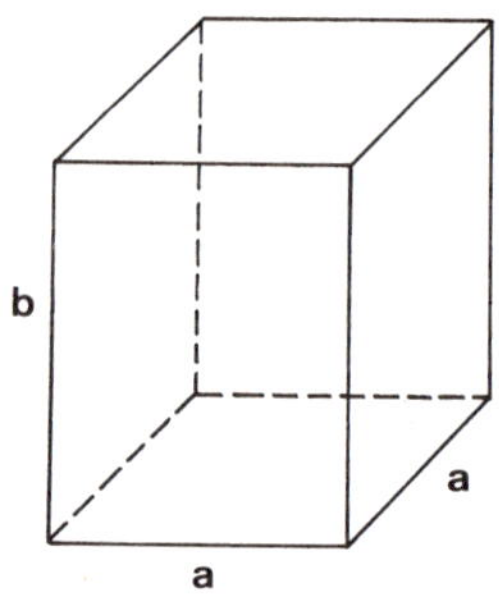

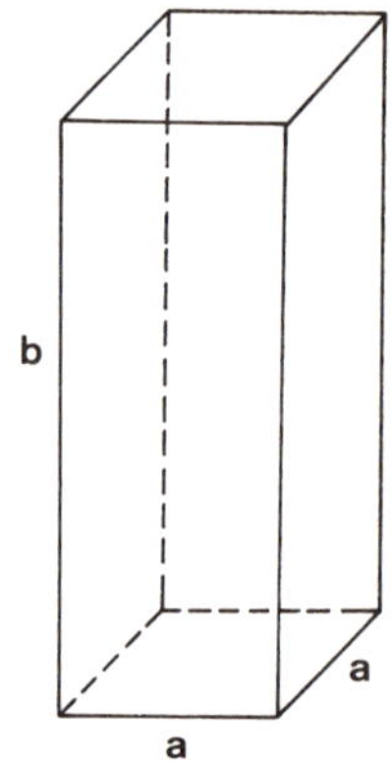

a) Zeichne eine Schachtel mit quadratischer Grundfläche und führe Bezeichnungen ein: Seitenlänge des Grundquadrats a; Höhe b.

b) Im Aufgabentext ist von zwei Größen die Rede, nämlich der Oberfläche (100 cm^2 großes Stück Pappe) und dem Volumen der Schachtel. Welche der beiden Größen ist bekannt und welche soll maximal sein?

c) Stelle die Formeln für die Oberfläche und das Volumen in Abhängigkeit von a und b auf.

d) Verändern wir eine Seitenlänge der Schachtel, so verändern sich auch ihre Proportionen und mithin ihr Aussehen und Volumen. Vervollständige dazu die Tabelle:

O	100	100	100	100	100
a	2	3	4	5	6
b	11,5				
V					

Bestätige, daß die Volumina mit wachsendem a zunächst zunehmen, dann aber auch wieder kleiner werden.

Ob das größte Schachtelvolumen wirklich für $a = 4$ cm und $b = 4{,}25$ cm vorhanden ist, können wir natürlich durch weiteres Probieren erhärten oder widerlegen. Die genauen Werte lassen sich dadurch jedoch nicht berechnen. Oder hätten Sie vermutet, daß das Ergebnis $a = \frac{5}{3}\sqrt{6}$ cm $\approx 4{,}08$ cm lautet?

Sie haben gesehen, daß die beiden Größen Volumen und Oberfläche jeweils von zwei Variablen abhängig sind, a und b. Die Oberfläche ist fest vorgegeben, das Volumen können wir jedoch als eine Funktion auffassen und schreiben:

$V(a;\, b) = a^2 b\,.$

Da wir das größte Volumen, also ein Maximum suchen, heißt diese Funktion auch **Extremalbedingung.**

Es ist klar, daß $V(a;\, b)$ unendlich groß wird, wenn nur mindestens a oder b unendlich groß wird. Daher kann man diese Aufgabe nur dann sinnvoll lösen, wenn eine **Nebenbedingung** gegeben ist, durch die a und b begrenzt werden. In unserem Fall ist sie durch die vorgegebene Oberfläche festgelegt und lautet:

$O = 2a^2 + 4ab = 100 \text{ cm}^2\,.$

Diese Gleichung lösen wir nach einer der beiden Variablen auf. Da b nur einmal vorkommt, sollten wir nach b auflösen und erhalten:

$$\begin{aligned} 2a^2 + 4ab &= 100 && \mid -2a^2 \\ 4ab &= 100 - 2a^2 && \mid :4a \\ b &= \frac{100 - 2a^2}{4a} = \frac{50 - a^2}{2a} \end{aligned}$$

Den so erhaltenen Term für b setzen wir in die Extremalbedingung ein. Das Volumen V ist nun nur noch von a abhängig.

$$V(a) = a^2\,\frac{50 - a^2}{2a} = a\,\frac{50 - a^2}{2} = \frac{50a - a^3}{2} = 25a - \frac{1}{2}a^3$$

Diese Funktion nennt man auch die **Zielfunktion.**
Mit unseren bisherigen Methoden untersuchen wir, ob sie ein relatives Maximum besitzt.

Bilden der ersten Ableitungsfunktion:

$$V'(a) = 25 - \frac{3}{2}a^2\,.$$

Untersuchen auf Nullstellen:

$$0 = 25 - \frac{3}{2}a^2 \qquad \left| + \frac{3}{2}a^2\right.$$

$$\frac{3}{2}a^2 = 25 \qquad \left| \cdot \frac{2}{3}\right.$$

$$a^2 = \frac{50}{3}$$

$$a = \sqrt{\frac{50}{3}} = 5\sqrt{\frac{2}{3}} = \frac{5}{3}\sqrt{6} \quad \text{oder} \quad a = -\frac{5}{3}\sqrt{6}.$$

Prüfen wir nun, welche Art von Extremum an den gefundenen Stellen vorliegt. Dazu bilden wir die zweite Ableitungsfunktion:

$$V''(a) = -3a$$

$$a = \frac{5}{3}\sqrt{6}\colon\ V''\left(\frac{5}{3}\sqrt{6}\right) = -3\frac{5}{3}\sqrt{6} = -5\sqrt{6} < 0 \ \rightarrow \ \text{rel. Maximum}$$

$$a = -\frac{5}{3}\sqrt{6}\colon\ V''\left(-\frac{5}{3}\sqrt{6}\right) = 3\frac{5}{3}\sqrt{6} = 5\sqrt{6} > 0 \ \rightarrow \ \text{rel. Minimum}$$

(Auch anschaulich kommt $a = -\frac{5}{3}\sqrt{6}$ nicht in Frage, denn eine negative Streckenlänge ist unsinnig.)

Ergebnis:

Für $a = \frac{5}{3}\sqrt{6} \approx 4{,}08$ cm besitzt die Schachtel das größte Volumen.

Wir berechnen nun noch die Länge von b und das Maximalvolumen:

$$b = \frac{50 - a^2}{2a} = \frac{50 - \frac{50}{3}}{\frac{10}{3}\sqrt{6}} = \frac{\frac{100}{3}}{\frac{10}{3}\sqrt{6}} = \frac{10}{\sqrt{6}} = \frac{10\sqrt{6}}{6} = \frac{5}{3}\sqrt{6} \approx 4{,}08 \text{ cm}$$

(Die günstigste Schachtel ist also ein Würfel!)

$$V_{max} = a^2 b = \left(\frac{5}{3}\sqrt{6}\right)^3 = \frac{125}{27}\,6\sqrt{6} = \frac{250}{9}\sqrt{6} \approx 68{,}04 \text{ cm}^3$$

2

Ein neuer Sportplatz mit einer 400 m langen Laufbahn soll angelegt werden. Der Innenraum, der aus einem Rechteck mit zwei angesetzten Halbkreisen besteht, soll so bemessen sein, daß das Rechteck den größtmöglichen Flächeninhalt bekommt.

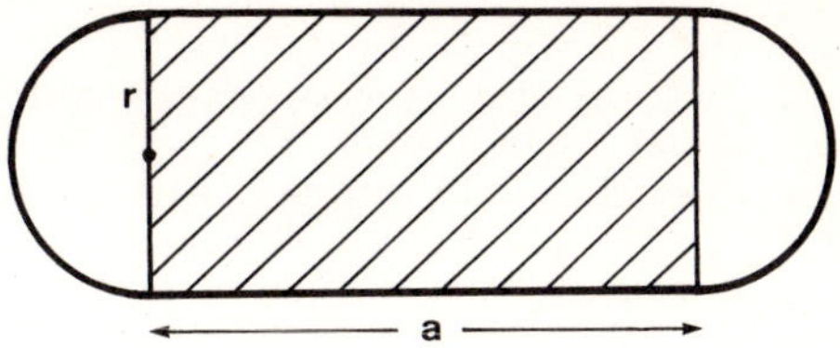

a) Machen Sie sich anhand der Zeichnungen klar, daß man Länge und Breite des Rechtecks und damit den Radius der Halbkreise variieren kann. Trotz des gleichbleibenden Umfangs (400 m) des Ovals haben die Rechtecke unterschiedliche Proportionen und Flächeninhalte.

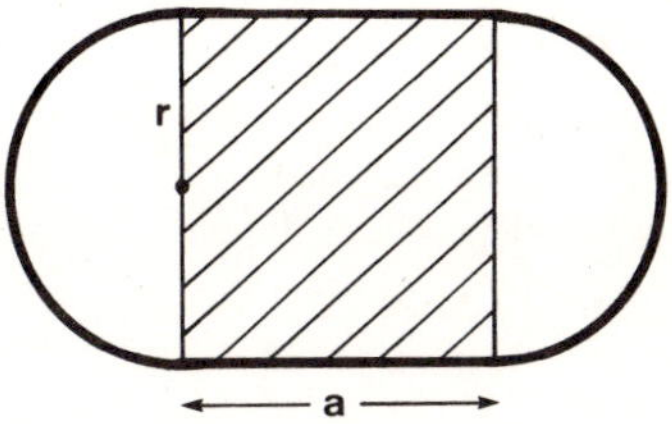

b) Welche Größe soll extremal sein? Stelle eine Extremalbedingung auf, in der r und a als Variablen vorkommen.

c) Über den Umfang des Ovals findet man die Nebenbedingung. Gib die geeignete Formel in Abhängigkeit von r und a an.

d) Löse die Nebenbedingung nach a auf, setze den gefundenen Term in die Extremalbedingung ein und nenne die Zielfunktion in Abhängigkeit von r.

e) Ermittle $A'(r)$ und suche ihre Nullstellen.

f) An welcher Stelle besitzt $A(r)$ ein relatives Maximum? Führe den Nachweis mit Hilfe von $A''(r)$.

g) Gib die Seitenlängen des maximalen Rechtecks sowie seinen Flächeninhalt an.

3

Für den Bau des Rahmens eines Aquariums steht Olaf ein Winkelprofil von 200 cm Länge zur Verfügung. Für welche Maße ist das Fassungsvermögen des Aquariums maximal, wenn die Breite b um 10 cm länger sein soll als die Tiefe a?

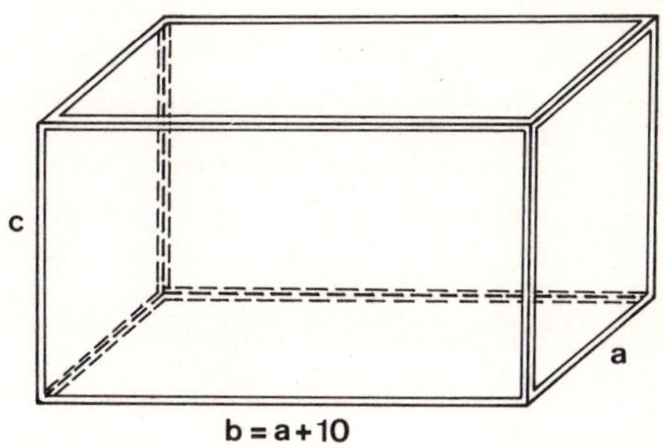

a) Formuliere die Extremalbedingung in Abhängigkeit von a und der Höhe c.

b) Stelle die Nebenbedingung ebenfalls mit a und c auf.

c) Gib die Zielfunktion an.

d) Ermittle das relative Maximum der Zielfunktion.

e) Berechne Näherungswerte für a, b und c sowie V_{max}.

4

Der Querschnitt eines Torbogens ist ein Rechteck mit aufgesetztem Halbkreis. Der Umfang betrage 10 m. Wie sind die Höhe h und der Radius r zu wählen, damit das Rechteck den maximalen Flächeninhalt besitzt?

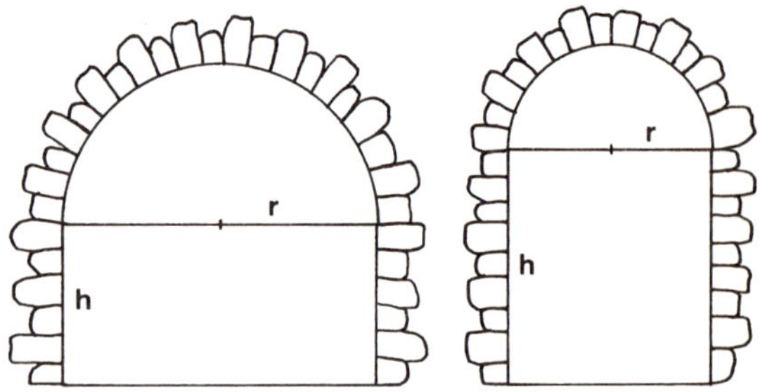

- Extremalbedingung aufstellen (2 Variablen)
- Nebenbedingung mit denselben Variablen ausdrücken
- Zielfunktion ermitteln (1 Variable); dazu Nebenbedingung nach einer Variablen auflösen und in die Extremalbedingung einsetzen
- relatives Maximum der Zielfunktion bestimmen; dazu erste und zweite Ableitungsfunktion verwenden

Die Schwierigkeit beim Lösen derartiger Extremwertaufgaben besteht häufig darin, die Extremalbedingung und insbesondere die Nebenbedingung zu finden. Bei vielen Aufgaben aus der Geometrie ergibt sich die Nebenbedingung aus bekannten Sätzen, die in der Mittelstufe behandelt werden, wie den Strahlensätzen oder dem Satz des Pythagoras.
In den folgenden Aufgaben tauchen solche Nebenbedingungen auf. Für die weitere Rechnung ist außerdem eine günstige Bezeichnungsweise vorteilhaft.

5

In das gleichseitige Dreieck mit $a = 6$ cm kann man Rechtecke so einzeichnen, daß eine Seite auf der Grundseite des Dreiecks liegt und die übrigen beiden Ecken auf den anderen beiden Dreiecksseiten.

Welches dieser Rechtecke besitzt den größten Flächeninhalt? (Abb. S. 85 oben)

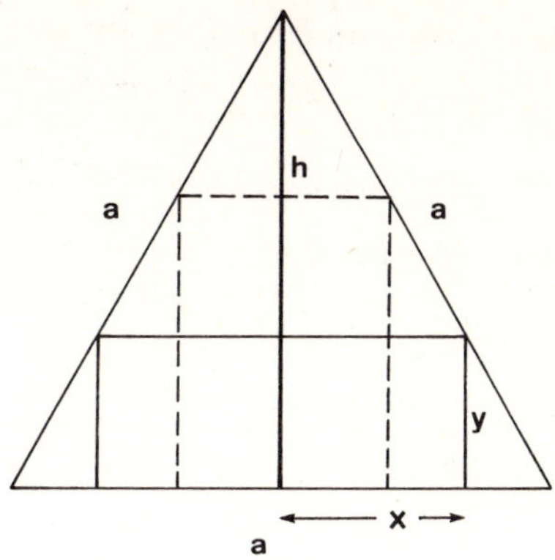

a) Stelle die Extremalbedingung unter Verwendung der nebenstehenden Bezeichnungen auf.

b) Man kann auf die Figur den zweiten Strahlensatz anwenden. Ermittle daraus die Nebenbedingung.

c) Bestimme die Zielfunktion und ihr relatives Maximum.

d) Gib die Seitenlängen und den Flächeninhalt des maximalen Rechtecks an.

6

Löse das entsprechende räumliche Problem:
Welche Maße besitzt der Zylinder größten Rauminhalts, der in einen Kegel mit dem Grundkreisdurchmesser $d = 10$ cm und ebenso langen Mantellinien paßt?

7

In das gleichseitige Dreieck mit $a = 10$ cm sind gleichschenklige Dreiecke eingezeichnet. Berechne die Maße des gleichschenkligen Dreiecks, das den größten Flächeninhalt besitzt. (Abb. S. 85 Mitte)

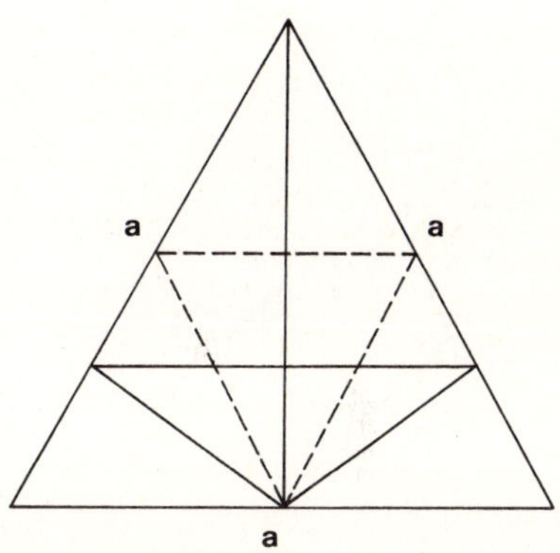

8

In einer Kugel mit $r = 5$ cm sind Zylinder gezeichnet. Gesucht ist derjenige Zylinder, der das größte Volumen besitzt. (Abb. S. 85 unten)

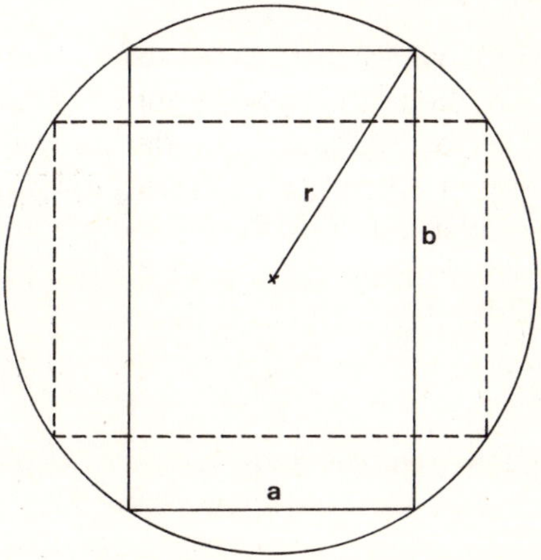

a) Wie lautet die Extremalbedingung?

b) Formuliere mit Hilfe des Satzes des Pythagoras eine geeignete Nebenbedingung.

c) Bestimme die Zielfunktion und untersuche sie auf relative Extrema. Für welche Seitenlängen ergibt sich welcher maximale Rauminhalt?

9

Löse entsprechend:
Wie sind die Maße des volumenmäßig größten Zylinders, den man in eine Kugel ($r = 30$ cm) einbeschreiben kann?

1

Bestimme die Wendepunkte und die Gleichungen der Wendetangenten der Funktionen:

a) $f(x) = 5x^3 - 30x^2 + 19$

b) $f(x) = \frac{1}{2}x^4 + \frac{7}{3}x^3 - 6x^2 + 1$

2

Welche Extrema und welche Wendepunkte besitzen die Funktionen?

a) $f(x) = x^5 + 2$

b) $f(x) = \frac{1}{3}x^4 + 2x^3 + 6$

3

Bestimme die Ableitungsfunktion:

a) $f(x) = (12x^4 + 5x^3 - 8) \cdot (x - 2x^2)$

b) $f(x) = (x^2 - 4x)^4$

c) $f(x) = \dfrac{4x - 3x^3}{2x + 1}$

d) $f(x) = \dfrac{x + 1}{(x - 1)^2}$

4

Gegeben ist ein gleichschenkliges Dreieck mit der Grundseite $c = 6$ cm und den Schenkeln $a = b = 5$ cm. Bestimme die Maße des Rechtecks mit dem größten Flächeninhalt, das in das Dreieck einbeschrieben werden kann.

Uwe Bergmann

TRAINING
Differentialrechnung

Sekundarstufe II

Lösungsheft

Ernst Klett Verlag
Stuttgart Düsseldorf Leipzig

Inhalt

Satz: Zechnersche Buchdruckerei, Speyer
Druck: W. Röck, Weinsberg
Beilage zu 3-12-922025-9

1. Das Tangentenproblem

1

a) b) c)

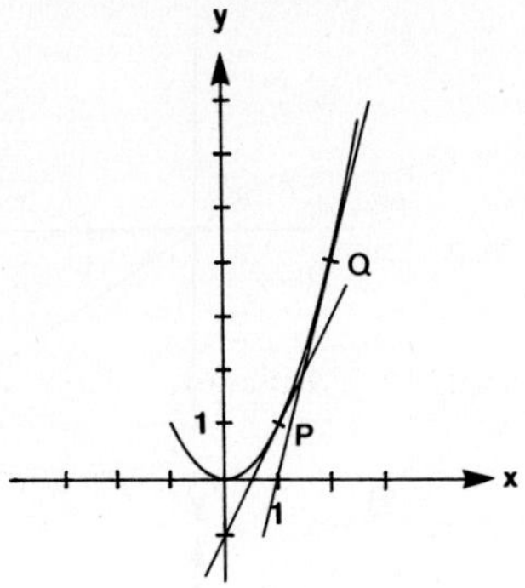

Man kennt die Steigung der jeweiligen Tangente nicht!

2

a) $m = 3$

b) $m = \frac{2}{3}$

c) $m = \frac{5}{4}$

3

a) $b = 1$
$m = 2$
$y = 2x + 1$

b) $b = 3$
$m = -\frac{3}{6} = -\frac{1}{2}$
$y = -\frac{1}{2}x + 3$

c) $b = -2$
$m = 3$
$y = 3x - 2$

d) $b = 0$
$m = \frac{1}{3}$
$y = \frac{1}{3}x$

e) $b = 6$
$m = -\frac{6}{4} = -\frac{3}{2}$
$y = -\frac{3}{2}x + 6$

f) $b = 2$
$m = 0$
$y = 2$

4 –

5

a)

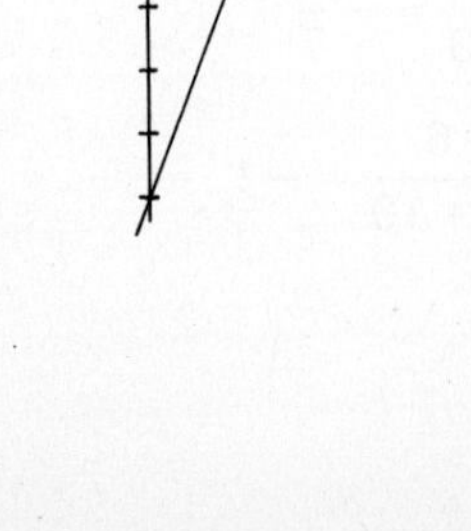

b)

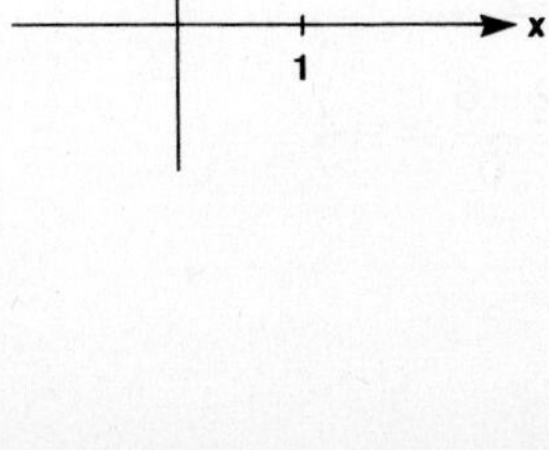

c)

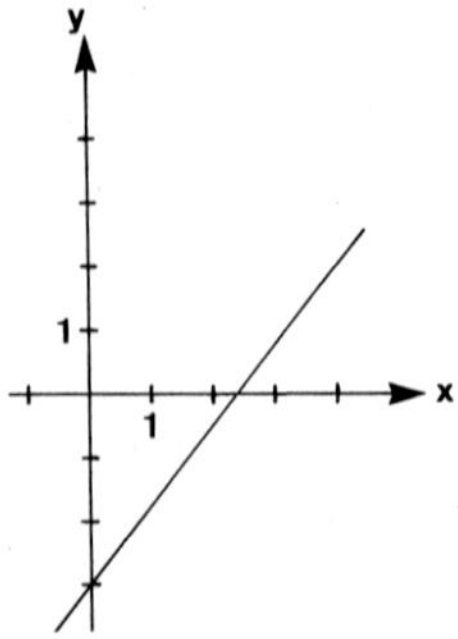

d)

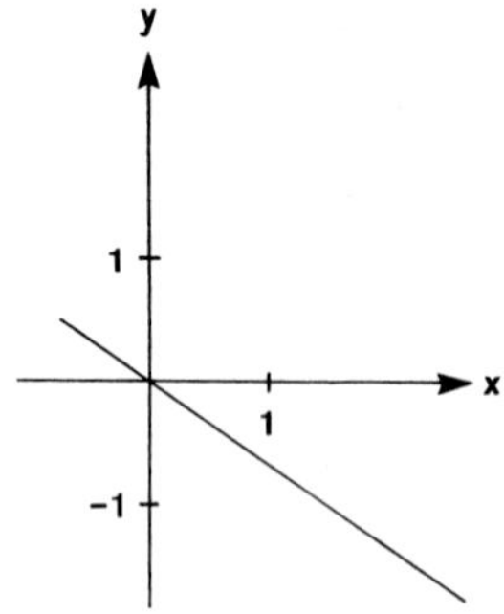

e)

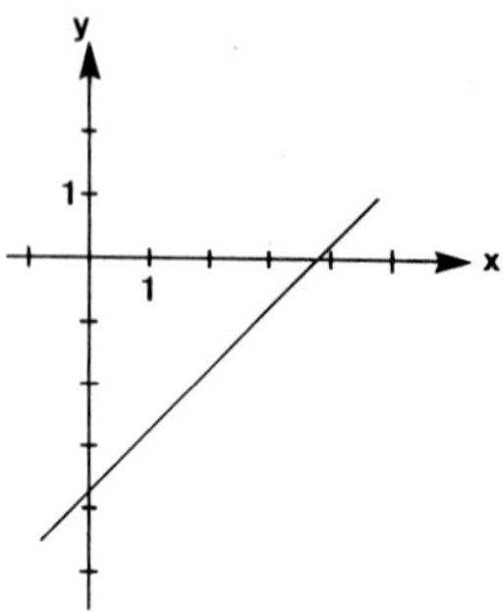

f)

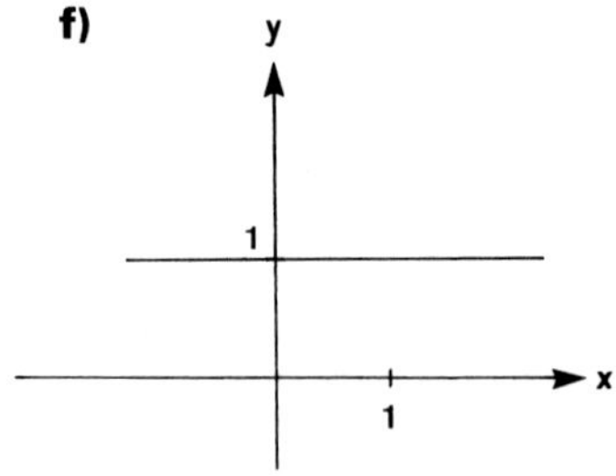

6

a) –

b) –

c) $m = \frac{5}{3}$

7

a) y_1

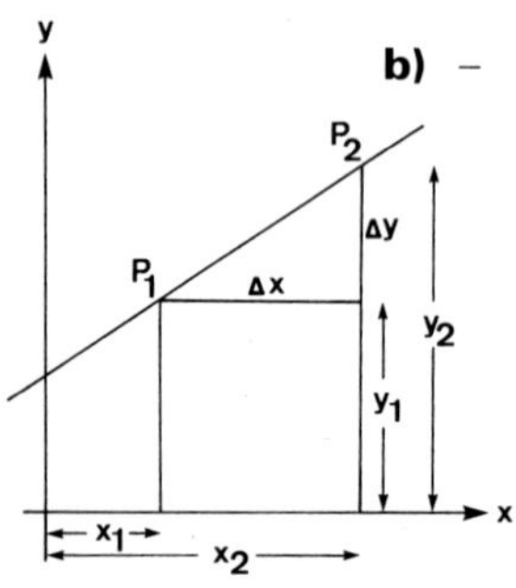

b) $\Delta x = x_2 - x_1$
$\Delta y = y_2 - y_1$

c) $m = \frac{\Delta y}{\Delta x} = \frac{y_2 - y_1}{x_2 - x_1}$

8

a) $m = \frac{8-4}{3-2} = 4$

b) $m = \frac{1-5}{4+3} = -\frac{4}{7}$

c) $m = \frac{-2-6}{2-0} = -4$

d) $m = \frac{-6}{-4+10} = -1$

9

a) $m = \frac{9-3}{4-1} = 2$ **b)** $3 = 2 + b \Rightarrow b = 3 - 2 = 1$ **c)** $9 = 2 \cdot 4 + b \Rightarrow b = 9 - 8 = 1$

10

a) $4 = 4 \cdot 2 + b \Rightarrow b = -4$

b) $5 = \left(-\frac{4}{7}\right) \cdot (-3) + b \Rightarrow b = \frac{23}{7}$

c) $b = 6$

d) $b = -10$

11

a) $m = \frac{1+1}{6-2} = \frac{1}{2}$; $-1 = \frac{1}{2} \cdot 2 + b \Rightarrow b = -2$; $y = \frac{1}{2}x - 2$

b) $y = 3x + 4$ **c)** $y = -\frac{13}{4}x - 5$ **d)** $y = 1{,}5x$

12

a) $m = \frac{y_2 - y_1}{x_2 - x_1}$ **b)** $m = \frac{y - y_1}{x - x_1}$ **c)** –

13

a) $\frac{y-3}{x-4} = \frac{0-3}{-8-4} = \frac{-3}{-12} = \frac{1}{4}$

$y - 3 = \frac{1}{4} \cdot (x - 4)$

$y = \frac{1}{4}x + 2$

Probe:

$3 = \frac{1}{4} \cdot 4 + 2$ wahre Aussage

$0 = \frac{1}{4} \cdot (-8) + 2$ wahre Aussage

b) $y = -3x - 1$

c) $y = x - 4$

d) $y = -\frac{1}{2}x - 1$

14

a) $\frac{y-7}{x-3} = 2$

$y - 7 = 2x - 6$

$y = 2x + 1$

b) $y = -4x + 5$

c) $y = -1{,}5x + 4$

d) $y = 3x + 4$

15

a) $b=2$; $m=-\frac{2}{3}$: $y=-\frac{2}{3}x+2$ **b)** $y=2x+2$

c) $y=x+1$ **d)** $\frac{y-6}{x-4}=\frac{8-6}{8-4}=\frac{1}{2}$: $y=\frac{1}{2}x+4$

e) $\frac{y-1}{x+4}=0{,}5$: $y=0{,}5x+3$ **f)** $y=-x+6$ **g)** $y=\frac{2}{3}x$

h) $y=-\frac{5}{4}x+\frac{5}{2}$ **i)** $y=2x-5{,}5$

2. Der Begriff der Ableitung

1

a) – **b)** $m=\frac{4-1}{2-1}=3$ **c)** $m=\frac{2{,}25-1}{1{,}5-1}=2{,}5$

2

a) $m_1=\frac{1{,}69-1}{1{,}3-1}=2{,}3$; $m_2=2{,}1$ **b)** 2

3

a) $m=\frac{1-0}{1-0}=1$ **b)** $m=\frac{1-0{,}25}{1-0{,}5}=1{,}5$; $m=\frac{0{,}51}{0{,}3}=1{,}7$; $m=\frac{0{,}19}{0{,}1}=1{,}9$

Ja, sie nähern sich ebenfalls 2.

4

a) $m=\frac{4-2{,}25}{2-1{,}5}=3{,}5$; $m=\frac{4-3{,}24}{2-1{,}8}=3{,}8$

b) $m=\frac{6{,}25-4}{2{,}5-2}=4{,}5$; $m=\frac{4{,}84-4}{2{,}2-2}=4{,}2$

c) Sie nähern sich dem Wert 4.

5 **a)** – **b)** – **c)** – **d)** $\frac{y-4}{x-2}=4$; $y=4x-4$

6

a) $P(1+h|(1+h)^2)$

b) $m_s = \dfrac{(1+h)^2-1}{1+h-1} = \dfrac{1+2h+h^2-1}{h} = \dfrac{2h+h^2}{h}$

c) $m_t = \lim\limits_{h\to 0} \dfrac{2h+h^2}{h} = \lim\limits_{h\to 0}(2+h) = 2$

d) $\dfrac{y-1}{x-1} = 2; \quad y = 2x-1$

7

a) $P_0(4|16)$, $P(4+h|(4+h)^2)$; $\quad m_s = \dfrac{(4+h)^2-16}{4+h-4} = \dfrac{8h+h^2}{h}$

$m_t = \lim\limits_{h\to 0} \dfrac{8h+h^2}{h} = \lim\limits_{h\to 0}(8+h) = 8$

$\dfrac{y-16}{x-4} = 8; \quad y = 8x-16$

b) $P_0(1{,}5|2{,}25)$, $P(1{,}5+h|(1{,}5+h)^2)$; $\quad m_s = \dfrac{3h+h^2}{h}$

$m_t = \lim\limits_{h\to 0}(3+h) = 3; \quad y = 3x-2{,}25$

c) $P_0(-1|1)$; $\quad P(-1+h|(-1+h)^2)$; $\quad m_s = \dfrac{-2h+h^2}{h}$

$m_t = \lim\limits_{h\to 0}(-2+h) = -2; \quad y = -2x-1$

8

Steigung im Punkt P: $\quad m_1 = 2\cdot 1{,}4 = 2{,}8$

Q: $\quad m_2 = 2\cdot(-0{,}3) = -0{,}6$

R: $\quad m_3 = 2\cdot\sqrt{2}$

9

a) $P(x_0+h)|f(x_0+h)$

b) $m_s = \dfrac{f(x_0+h)-f(x_0)}{x_0+h-x_0} \quad \left(\text{oder: } \dfrac{f(x_0+h)-f(x_0)}{h}\right)$

c) –

10

a) $f'(8) = 2\cdot 8 = 16 = m_t$; $\quad \frac{y-64}{x-8} = 16$; $\quad y = 16x - 64$

b) $m_t = \frac{4}{3}$; $\quad y = \frac{4}{3}x - \frac{4}{9}$ **c)** $m_t = -4{,}8$; $\quad y = -4{,}8x - 5{,}76$

11

$f'(2{,}1) = 4{,}2$; $\quad f'(-1{,}3) = -2{,}6$; $\quad f'(0{,}4) = 0{,}8$

12

positive Steigungen; oberhalb der x-Achse

13

Steigung wird steiler; Graph fällt.

3. Bestimmung einiger Ableitungsfunktionen

1

1. $P(x_0+h \mid 5(x_0+h)^2)$

2. $m_s = \frac{f(x)-f(x_0)}{x-x_0} = \frac{5(x_0+h)^2-5x_0^2}{x_0+h-x_0} = \frac{10x_0h+5h^2}{h}$

3. $f'(x_0) = \lim\limits_{h\to 0} \frac{10x_0h+5h^2}{h} = \lim\limits_{h\to 0}(10x_0+5h) = 10x_0$

4. $f'(x) = 10x$

2

a) 1. $P_0(x_0 \mid 2x_0^3)$; $\quad P(x_0+h \mid 2(x_0+h)^3)$

2. $m_s = \frac{2(x_0+h)^3-2x_0^3}{x_0+h-x_0} = \ldots = \frac{6x_0h^2+6x_0^2h+2h^3}{h}$

3. $f'(x_0) = \lim\limits_{h\to 0}(6x_0h+6x_0^2+2h^2) = 6x_0^2$

4. $f'(x) = 6x^2$

b) 1. $P_0(x_0|-0{,}5x_0^2)$; $P(x_0+h|-0{,}5(x_0+h)^2)$

2. $m_s = \dfrac{-0{,}5(x_0+h)^2+0{,}5x_0^2}{x_0+h-x_0} = \ldots = \dfrac{-x_0h-0{,}5h^2}{h}$

3. $f'(x_0) = \lim\limits_{h\to 0}(-x_0-0{,}5h) = -x_0$

4. $f'(x) = -x$

c) 1. $P_0(x_0|3x_0)$; $P(x_0+h|3(x_0+h))$

2. $m_s = \dfrac{3(x_0+h)-3x_0}{x_0+h-x_0} = \dfrac{3h}{h}$

3. $f'(x_0) = \lim\limits_{h\to 0}\dfrac{3h}{h} = \lim\limits_{h\to 0} 3 = 3$

4. $f'(x) = 3$

d) $f'(x) = 16x$ **e)** $f'(x) = -3x^2$ **f)** $f'(x) = -\dfrac{2}{3}$

3

a) 1. $P_0(x_0|2x_0^2-7)$; $P(x_0+h|2(x_0+h)^2-7)$

2. $m_s = \dfrac{2(x_0+h)^2-7-(2x_0^2-7)}{x_0+h-x_0} = \dfrac{4x_0h+2h^2}{h}$

3. $f'(x_0) = \lim\limits_{h\to 0}(4x_0+2h) = 4x_0$

4. $f'(x) = 4x$

b) $f'(x) = 10x$

c) 1. $P_0(x_0|x_0^3-x_0^2)$; $P(x_0+h|(x_0+h)^3-(x_0+h)^2)$

2. $m_s = \dfrac{(x_0+h)^3-(x_0+h)^2-(x_0^3-x_0^2)}{x_0+h-x_0} = \dfrac{h^3+3x_0^2h+3x_0h^2-2x_0h-h^2}{h}$

3. $\lim\limits_{h\to 0}(h^2+3x_0^2+3x_0h-2x_0-h) = 3x_0^2-2x_0$

4. $f'(x) = 3x^2-2x$

d) $f'(x) = 1+6x^2$

e) 1. $P_0(x_0|x_0^2+x_0+1)$; $P(x_0+h|(x_0+h)^2+x_0+h+1)$

2. $m_s = \dfrac{(x_0+h)^2+x_0+h+1-(x_0^2+x_0+1)}{x_0+h-x_0} = \dfrac{2x_0h+h^2+h}{h}$

3. $\lim\limits_{h\to 0}(2x_0+h+1) = 2x_0+1$

4. $f'(x) = 2x+1$

4

a) $m_s = \dfrac{3(x_0+h)+1-(3x_0+1)}{x_0+h-x_0} = \dfrac{3h}{h}; \quad \lim\limits_{h \to 0} \dfrac{3h}{h} = \lim\limits_{h \to 0} 3 = 3$

$f'(x) = 3$

b) Es handelt sich um eine Geradengleichung (lineare Funktion) mit der Steigung $m = 3$.

c) Ja!

5

Man erwartet $f'(x) = m$.

$m_s = \dfrac{m(x_0+h)+b-(mx_0+b)}{x_0+h-x_0} = \dfrac{mh}{h}; \quad \lim\limits_{h \to 0} \dfrac{mh}{h} = m$

$f'(x) = m$

6

a) $P_0(x_0|4); \quad P(x_0+h|4);$

$m_s = \dfrac{4-4}{x_0+h-h} = 0; \quad f'(x_0) = 0$

b)

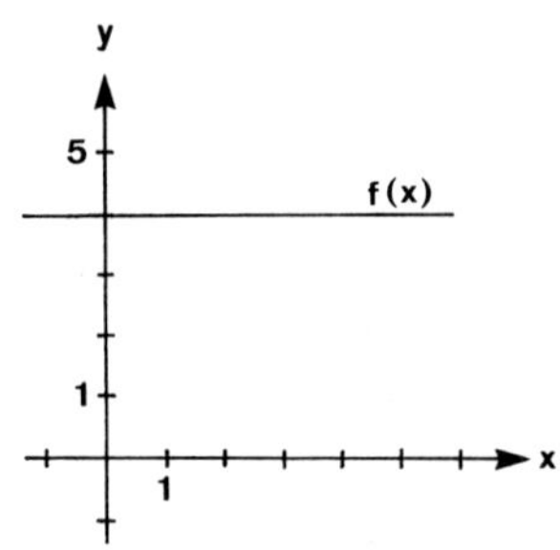

Die Gerade verläuft parallel zur x-Achse, folglich $m = 0$.

c) $P_0(x_0|b); \quad P(x_0+h|b);$

$m_s = \dfrac{b-b}{x_0+h-x_0} = 0; \quad f'(x_0) = 0$

7

a) 1. $P_0\left(x_0 \,\middle|\, \dfrac{2}{x_0}\right); \quad P\left(x_0+h \,\middle|\, \dfrac{2}{x_0+h}\right)$

2. $m_s = \dfrac{\dfrac{2}{x_0+h} - \dfrac{2}{x_0}}{x_0+h-x_0} = \dfrac{-2h}{x_0 \cdot (x_0+h) \cdot h} = \dfrac{-2}{(x_0+h)\,x_0}$

3. $f'(x_0) = \lim\limits_{h \to 0} \dfrac{-2}{(x_0+h) \cdot x_0} = \dfrac{-2}{x_0^2}$

4. $f'(x) = \dfrac{-2}{x^2}$

b) 1. $P_0\left(x_0 \middle| \frac{1}{x_0+1}\right)$; $P\left(x_0+h \middle| \frac{1}{x_0+h+1}\right)$

2. $m_s = \dfrac{\frac{1}{x_0+h+1} - \frac{1}{x_0+1}}{x_0+h-x_0} = \dfrac{\frac{-h}{(x_0+1)(x_0+h+1)}}{h} = \dfrac{-1}{(x_0+1)(x_0+h+1)}$

3. $f'(x_0) = \lim\limits_{h \to 0} \dfrac{-1}{(x_0+1)(x_0+h+1)} = \dfrac{-1}{(x_0+1)^2}$ 4. $f'(x) = \dfrac{-1}{(x+1)^2}$

c) $f'(x) = \dfrac{5}{2x^2}$

8

a) 1. $P_0(x_0|\sqrt{2x_0})$; $P(x_0+h|\sqrt{2(x_0+h)})$

2. $m_s = \dfrac{\sqrt{2(x_0+h)} - \sqrt{2x_0}}{x_0+h-x_0} = \dfrac{2(x_0+h)-2x_0}{h(\sqrt{2(x_0+h)}+\sqrt{2x_0})}$

$= \dfrac{2}{\sqrt{2(x_0+h)}+\sqrt{2x_0}}$

3. $f'(x_0) = \lim\limits_{h \to 0} \dfrac{2}{\sqrt{2(x_0+h)}+\sqrt{2x_0}} = \dfrac{2}{2\sqrt{2x_0}}$

4. $f'(x) = \dfrac{1}{\sqrt{2x}}$

b) 1. $P_0(x_0|\sqrt{x_0+5})$; $P(x_0+h|\sqrt{x_0+h+5})$

2. $m_s = \dfrac{\sqrt{x_0+h+5} - \sqrt{x_0+5}}{x_0+h-x_0} = \dfrac{x_0+h+5-(x_0+5)}{h(\sqrt{x_0+h+5}+\sqrt{x_0+5})}$

$= \dfrac{1}{\sqrt{x_0+h+5}+\sqrt{x_0+5}}$

3. $f'(x_0) = \lim\limits_{h \to 0} \dfrac{1}{\sqrt{x_0+h+5}+\sqrt{x_0+5}} = \dfrac{1}{2\sqrt{x_0+5}}$

4. $f'(x) = \dfrac{1}{2\sqrt{x+5}}$

c) $f'(x) = \dfrac{1}{\sqrt{2x-3}}$

Test

1

1. $y = mx + b$; Steigung m; y-Achsen-Abschnitt b

2. $\frac{y - y_1}{x - x_1} = m$; Steigung m; Punkt $P_1(x_1|y_1)$

3. $\frac{y - y_1}{x - x_1} = \frac{y_2 - y_1}{x_2 - x_1}$; 2 Punkte: $P_1(x_1|y_1)$ und $P_2(x_2|y_2)$

2

a) $y = \frac{1}{4}x + 5$ **b)** $y = 2x - 2{,}5$ **c)** $y = -x - 4$ **d)** $y = -4x - 4$

3 **a)** $P_0(-4|16)$; $P(-4+h|(-4+h)^2)$

$$m_s = \frac{(-4+h)^2 - 16}{-4+h+4} = \frac{h^2 - 8h}{h} = h - 8; \quad f'(x_0) = \lim_{h \to 0}(h-8) = -8$$

b) $m = -8$; $P_0(-4|16)$: $y = -8x - 16$

4 **a)** $f'(x) = 6x - 4$ **b)** $f'(x) = \frac{-6}{x^2}$ **c)** $f'(x) = \frac{1}{2\sqrt{x-1}}$

4. Anwendungen I – Tangenten, Normalen, Parallelen

1 **a)** – **b)** Steigung **c)** $m_s = \frac{7-1}{2+1} = 2$

d) $m_t = m_s = 2$ **e)** $f'(x) = 4x$ **f)** $f\left(\frac{1}{2}\right) = 2 \cdot \frac{1}{4} - 1 = -\frac{1}{2}$

g) $m = 2$, $P\left(\frac{1}{2}\middle| -\frac{1}{2}\right)$: $y = 2x - \frac{3}{2}$

2

a) $m_s = \frac{\frac{7}{4} - 3}{\frac{-3}{2} - 1} = \frac{1}{2} = m_t$; $f'(x) = -2x$

$$-2x = \frac{1}{2}, \text{ also } x = -\frac{1}{4}; \quad f\left(-\frac{1}{4}\right) = -\left(-\frac{1}{4}\right)^2 + 4 = 3\frac{15}{16}; \quad P\left(\frac{-1}{4}\middle|3\frac{15}{16}\right)$$

Tangente: t: $y = \frac{1}{2}x + 4\frac{1}{16}$

b) $m_s = m_t = 1; \quad f'(x) = x + 2$

$x + 2 = 1$, also $x = -1$; $\quad f(-1) = \frac{1}{2} - 2 = \frac{-3}{2}$; $\quad P\left(-1 \middle| -\frac{3}{2}\right)$

$\frac{y + \frac{3}{2}}{x + 1} = 1$, Tangente: $t\colon y = x - \frac{1}{2}$

c) $m_s = m_t = \frac{1}{2}; \quad f'(x) = -0{,}5x; \quad -0{,}5x = \frac{1}{2}$, also $x = -1$

$f(-1) = -\frac{1}{4}; \quad P\left(-1 \middle| -\frac{1}{4}\right)$

$\frac{y + \frac{1}{4}}{x + 1} = \frac{1}{2}$, Tangente: $t\colon y = \frac{1}{2}x + \frac{1}{4}$

d) $m_s = m_t = -1; \quad f'(x) = 2x; \quad 2x = -1$, also $x = \frac{-1}{2}$

$f\left(-\frac{1}{2}\right) = \frac{9}{4}; \quad P\left(-\frac{1}{2} \middle| \frac{9}{4}\right)$

$\frac{y - \frac{9}{4}}{x + \frac{1}{2}} = -1$ Tangente: $t\colon y = -x + \frac{7}{4}$

e) $m_s = m_t = 2; \quad f'(x) = x; \quad x = 2$
$f(2) = 2; \quad P(2|2)$

$\frac{y - 2}{x - 2} = 2$ Tangente: $t\colon y = 2x - 2$

f) $m_s = m_t = -1; \quad f'(x) = -2x + 4; \quad -2x + 4 = -1$, also $x = \frac{5}{2}$

$f\left(\frac{5}{2}\right) = \frac{15}{4}; \quad P\left(\frac{5}{2} \middle| \frac{15}{4}\right)$

$\frac{y - \frac{15}{4}}{x - \frac{5}{2}} = -1$ Tangente: $t\colon y = -x + \frac{25}{4}$

3

$m_s = -2 = m_t; \quad f'(x) = -\frac{1}{x^2}; \quad -\frac{1}{x^2} = -2$

$\Rightarrow \; x = \sqrt{\frac{1}{2}} = \frac{1}{2}\sqrt{2} \quad \text{oder} \quad x = -\frac{1}{2}\sqrt{2}$

$f\left(\frac{1}{2}\sqrt{2}\right) = \frac{2}{\sqrt{2}} = \sqrt{2}; \quad f\left(-\frac{1}{2}\sqrt{2}\right) = -\sqrt{2}$

$\Rightarrow$ Berührpunkte sind $\left(\frac{1}{2}\sqrt{2} \,\middle|\, \sqrt{2}\right)$

oder $\left(-\frac{1}{2}\sqrt{2} \,\middle|\, -\sqrt{2}\right)$

Tangenten: t_1: $y = -2x + 2\sqrt{2}$;
t_2: $y = -2x - 2\sqrt{2}$

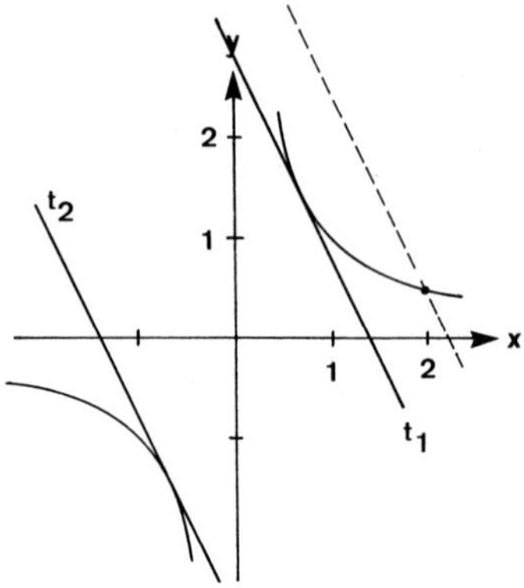

4

a) $m_t = -1$; eine Tangente; Berührpunkt $\left(-\frac{1}{2} \,\middle|\, \frac{1}{4}\right)$;

t: $y = -x - \frac{1}{4}$

b) $m_t = -2$; eine Tangente; Berührpunkt $(1 \,|\, -3)$;
t: $y = -2x - 1$

c) $m_t = -\frac{1}{4}$; zwei Tangenten; Berührpunkte $\left(2 \,\middle|\, \frac{1}{2}\right)$ oder $\left(-2 \,\middle|\, -\frac{1}{2}\right)$

t_1: $y = -\frac{1}{4}x + 1$; t_2: $y = -\frac{1}{4}x - 1$

5 **a)** – **b)** $m = 4$ **c)** $f'(x) = 2x$ **d)** $x = 2$; $y = 4$

e) t: $y = 4x - 4$

6 **a)** $m = -0{,}5$; $f'(x) = -0{,}5x + 1$; Berührpunkt $(3 \,|\, 0{,}75)$;
t: $y = -0{,}5x + 2{,}25$

b) $m = 2$; Berührpunkt: $\left(-1 \,\middle|\, -\frac{3}{2}\right)$; t: $y = 2x + \frac{1}{2}$

c) $m=2$; Berührpunkte: $\left(\sqrt{\frac{2}{3}}\,\middle|\,\frac{2}{3}\sqrt{\frac{2}{3}}\right)$ oder $\left(-\sqrt{\frac{2}{3}}\,\middle|\,-\frac{2}{3}\sqrt{\frac{2}{3}}\right)$

t_1: $y=2x-\frac{4}{3}\sqrt{\frac{2}{3}}$; t_2: $y=2x+\frac{4}{3}\sqrt{\frac{2}{3}}$

d) $m=-4$; $f'(x)=-\frac{1}{(x+1)^2}$; Berührpunkte $\left(-\frac{1}{2}\,\middle|\,2\right)$ oder $\left(-\frac{3}{2}\,\middle|\,-2\right)$

t_1: $y=-4x$; t_2: $y=-4x-8$

e) $m=1$; Berührpunkt $\left(\frac{1}{2}\,\middle|\,\frac{1}{4}\right)$; t: $y=x-\frac{1}{4}$

f) $m=-2$; Berührpunkt $(1|3)$; t: $y=-2x+5$

7

a) $m_t=f'(2)=4$ **b)** $m_n=-\frac{1}{4}$ **c)** – **d)** n: $y=-\frac{1}{4}x+\frac{3}{2}$

8

a) $m_t=4$; $m_n=-\frac{1}{4}$; n: $y=-\frac{1}{4}x+\frac{15}{2}$

b) $m_t=-4$; $m_n=\frac{1}{4}$; n: $y=\frac{1}{4}x-\frac{9}{8}$

c) $m_t=\frac{1}{4}$; $m_n=-4$; n: $y=-4x+18$

d) $m_t=9$; $m_n=-\frac{1}{9}$; n: $y=-\frac{1}{9}x+\frac{28}{3}$

e) $m_t=2$; $m_n=-\frac{1}{2}$; n: $y=-\frac{1}{2}x-\frac{3}{2}$

f) $m_t=12$; $m_n=-\frac{1}{12}$; n: $y=-\frac{1}{12}x+\frac{49}{6}$

9

a) $f'(x)=2x$; $f'(u)=2u$ **b)** $\frac{y-u^2}{x-u}=2u$ **c)** – **d)** –

e) $u = 1$ oder $u = -3$

f) Berührpunkte: $(1|1)$ oder $(-3|9)$; zugehörige Steigungen:
$m_t = 2$ oder $m_t = -6$; Tangenten: t: $y = 2x - 1$ oder t: $y = -6x - 9$

10

a) $\dfrac{y - u^2 - 1}{x - u} = 2u \Rightarrow y = 2ux - u^2 + 1$

b) $u = 2$ oder $u = -2$

c) Berührpunkte: $(2|5)$ oder $(-2|5)$; $m_t = 4$ oder $m_t = -4$;
t: $y = 4x - 3$ oder t: $y = -4x - 3$

11

a) $\dfrac{y + u^2 - 4u}{x - u} = -2u + 4 \Rightarrow y = 4x - 2ux + u^2$;
$u = 1$ oder $u = 3$; Berührpunkte: $(1|3)$ oder $(3|3)$;
t: $y = -2x + 9$ oder t: $y = 2x + 1$

b) $\dfrac{y + u^2 - 1}{x - u} = -2u \Rightarrow y = -2ux + u^2 + 1$;
$u = -1$ oder $u = 3$; Berührpunkte: $(-1|0)$ oder $(3|-8)$;
t: $y = 2x + 2$ oder t: $y = -6x + 10$

c) Berührpunkte: $(1|-1)$ oder $(-1|-1)$;
t: $y = 2x - 3$ oder $y = -2x - 3$

d) Berührpunkte: $(2|4)$ oder $(-2|4)$;
t: $y = 4x - 4$ oder t: $y = -4x - 4$

Zeichnungen:

a)

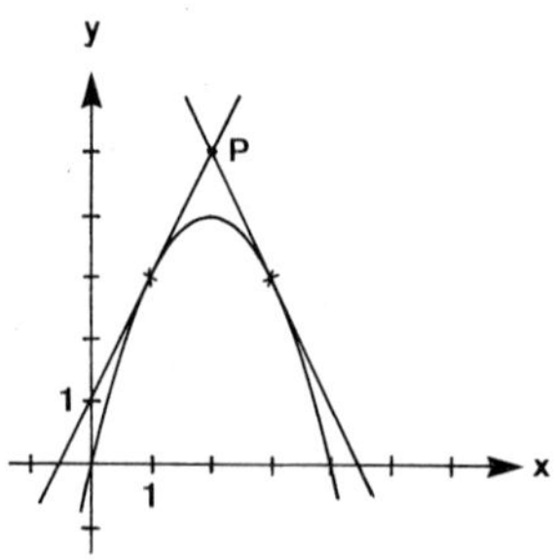

b)

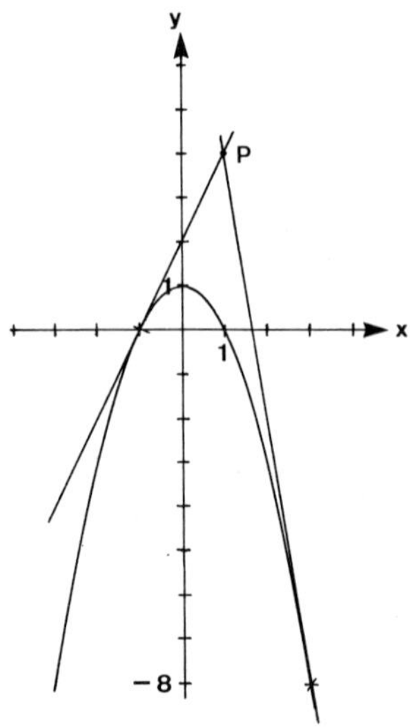

c)

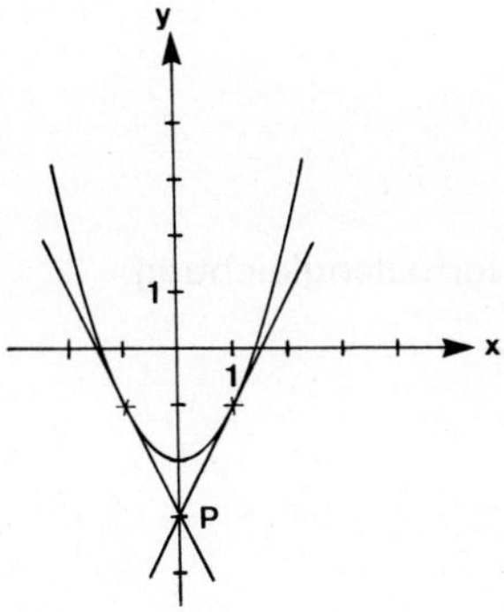

d)

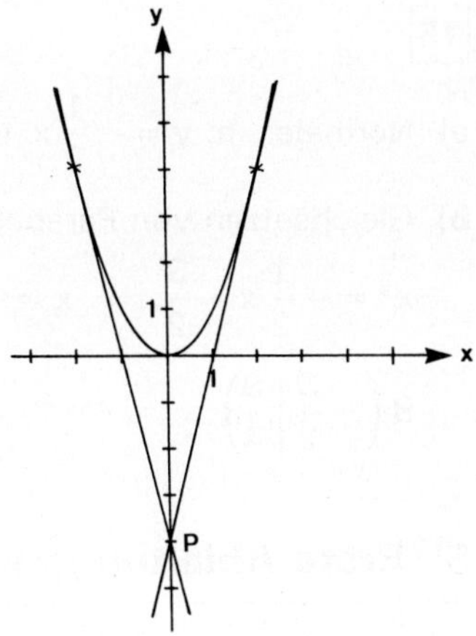

12

a) t_1: $y = -2x + 2$ **b)** t_2: $y = 4x - 1$

c) Ansatz: $-2x + 2 = 4x - 1 \Rightarrow x = \frac{1}{2}$

d) $y = (-2) \cdot \frac{1}{2} + 2 = 1$ oder $y = 4 \cdot \frac{1}{2} - 1 = 1$

$\Rightarrow$ Schnittpunkt $\left(\frac{1}{2} \middle| 1\right)$

13

a) t_1: $y = -x + 0{,}5$; t_2: $y = -3x + 5{,}5$; Schnittpunkt $(2{,}5 | -2)$

b) t_1: $y = -4x - 3$; t_2: $y = 4x - 3$; Schnittpunkt $(0 | -3)$

c) t_1: $y = -4x$; t_2: $y = 8x - 36$; Schnittpunkt $(3 | -12)$

d) t_1: $y = x + 0{,}25$; t_2: $y = -3x + 2{,}25$; Schnittpunkt $(0{,}5 | 0{,}75)$

14

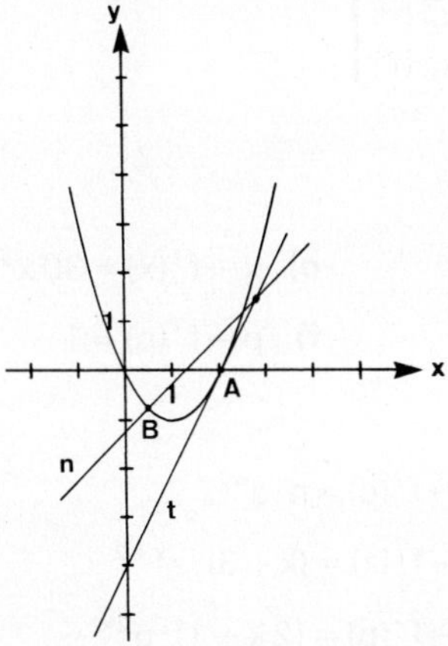

Tangente in A: t: $y = 2x - 4$;
Normale in B: n: $y = x - 1{,}25$;
Schnittpunkt $(2{,}75 | 1{,}5)$

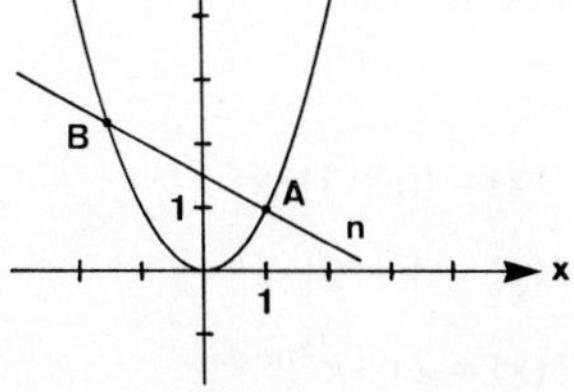

15

a) Normale: n: $y = -\frac{1}{2}x + \frac{3}{2}$

b) Gleichsetzen von Parabelgleichung und Normalengleichung:

$x^2 = -\frac{1}{2}x + \frac{3}{2} \Rightarrow x = -\frac{3}{2}$ oder $x = 1$

$B\left(-\frac{3}{2} \middle| \frac{9}{4}\right)$

5. Erste Ableitungsregeln

1

$f'(x) = 4x^3$

2

a) $P(x_0 + h \mid (x_0 + h)^n)$

b) $n = 3$: $(x_0 + h)^3 = x_0^3 + 3x_0^2 h + 3x_0 h^2 + h^3$
$n = 4$: $(x_0 + h)^4 = x_0^4 + 4x_0^3 h + 6x_0^2 h^2 + 4x_0 h^3 + h^4$

c) $(x_0 + h) \cdot (x_0 + h) \cdot (x_0 + h) \cdot (x_0 + h)$

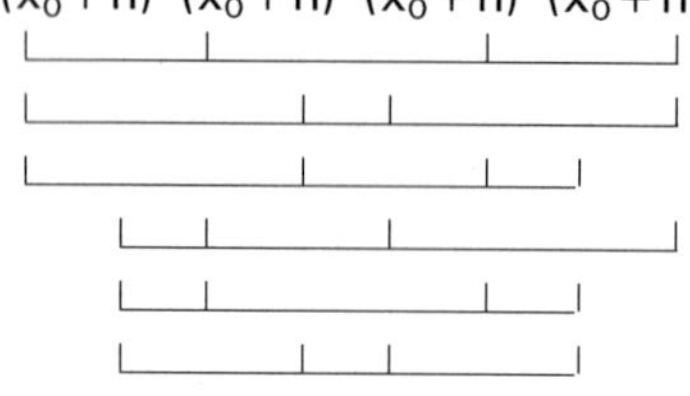

$$\left.\begin{matrix} x_0^2 h^2 \\ x_0^2 h^2 \\ x_0^2 h^2 \\ x_0^2 h^2 \\ x_0^2 h^2 \\ x_0^2 h^2 \end{matrix}\right\} 6x_0^2 h^2$$

d) – **e)** –

3

a) $x \mapsto f'(x) = 8x^7$ **b)** $t \mapsto f'(t) = 6t^5$ **c)** $x \mapsto f'(x) = 30x^{29}$

d) $x \mapsto f'(x) = 1$ **e)** $a \mapsto f'(a) = 2a$ **f)** $p \mapsto f'(p) = 1$

4

a) $x \mapsto f'(x) = (n+1) \cdot x^n$ **b)** $a \mapsto f'(a) = n \cdot a^{n-1}$

c) $x \mapsto f'(x) = (k-2) \cdot x^{k-3}$ **d)** $z \mapsto f'(z) = (k+3) \cdot z^{k+2}$

e) $x \mapsto f'(x) = 2n \cdot x^{2n-1}$ **f)** $p \mapsto f'(p) = (2k+1) \cdot p^{2k}$

5

a) $f'(x) = 2x + 4$

b) $u'(x) = 2x;\quad v'(x) = 4$

c) $f'(x) = 2x + 4 = u'(x) + v'(x)$

d) $u(x) = x^3 \Rightarrow u'(x) = 3x^2;\quad v(x) = x^2 \Rightarrow v'(x) = 2x;$
$f'(x) = 3x^2 + 2x = u'(x) + v'(x)$

6

a) $P(x_0 + h \mid u(x_0 + h) + v(x_0 + h))$

b) –

7

$P_0(x_0 \mid u(x_0) - v(x_0));\quad P(x_0 + h \mid u(x_0 + h) - v(x_0 + h));$

$$m_s = \ldots = \frac{u(x_0 + h) - u(x_0)}{h} - \frac{v(x_0 + h) - v(x_0)}{h};$$

$f'(x_0) = \ldots = u'(x_0) - v'(x_0)$

8

a) $f'(x) = 5x^4 + 2x$

b) $f'(x) = 3x^2 + 6$

c) $f'(x) = 1 - 4x^3$

d) $f'(x) = 3x^2 + 2x$

e) $f'(x) = 6x - 1$

f) $f'(x) = 21x^{20} + 12x^{11}$

9

a) jeweils $f'(x) = 2x$; jeweils $f'(x) = 3x^2$; jeweils $f'(x) = 1$

b) Er wird Null.

c) –

d) –

10

$P_0(x_0 \mid u(x_0) + c);\quad P(x_0 + h \mid u(x_0 + h) + c);$

$$m_s = \frac{u(x_0 + h) + c - (u(x_0) + c)}{h} = \frac{u(x_0 + h) - u(x_0)}{h}$$

$\Rightarrow f'(x_0) = u'(x_0)$

Der konstante Summand c verschwindet im Zähler des Differenzenquotienten.

11

a) $\frac{2}{3}$ bzw. 5

b) $f'(x) = \frac{4}{3}x$ bzw. $f'(x) = 10x$

c) Sie unterscheiden sich von $f'(x) = 2x$ durch <u>dieselben</u> konstanten Faktoren, nämlich $\frac{2}{3}$ bzw. 5.

12

a) $P(x_0+h \mid c\cdot u(x_0+h))$ **b)** –

13

a) $f'(x)=24x^3$ **b)** $f'(t)=-21t^6$ **c)** $f'(x)=6x^8$

d) $f'(t)=t$ **e)** $f'(x)=3\sqrt{2}\cdot x^2$ **f)** $f'(x)=-9$

14

a) $c=\frac{1}{3}$; $f'(x)=\frac{2}{3}x$ **b)** $c=-\frac{4}{7}$; $f'(x)=-\frac{12}{7}x^2$

c) $c=\frac{\sqrt{5}}{2}$; $f'(x)=\frac{\sqrt{5}}{2}$ **d)** $c=\sqrt{\frac{1}{2}}$; $f'(x)=\sqrt{\frac{1}{2}}\cdot\frac{1}{2\sqrt{x}}=\frac{1}{2\sqrt{2x}}$

e) $c=\frac{1}{\sqrt{2}}$; $f'(x)=-\frac{1}{\sqrt{2}x^2}$ **f)** $c=-\frac{6}{5}$; $f'(x)=\frac{6}{5x^2}$

15

a) $c=\sqrt{5}$; $u(x)=\sqrt{x}$; $f'(x)=\frac{\sqrt{5}}{2\sqrt{x}}$

b) $c=25$; $u(x)=x^4$; $f'(x)=100x^3$

c) $f'(x)=-\frac{2}{x^2}$ **d)** $f'(x)=\frac{1}{2x^2}$ **e)** $f'(x)=\frac{5}{6}x^4$

f) $f'(x)=\frac{4x^3}{\sqrt{2}}=2\sqrt{2}x^3$

16

a) $f'(x)=4x^3+6x$ **b)** $f'(x)=42x^6-36x^2+72x^7$

c) $f'(x)=1{,}8x^5-1{,}4+2{,}5x^9$ **d)** $f'(x)=15x^8+3\frac{1}{2}x-\frac{10}{7}x^4$

e) $f'(x)=-\frac{2}{x^2}-2x$ **f)** $f'(x)=\frac{\sqrt{2}}{2\sqrt{x}}+\frac{1}{\sqrt{x}}-\sqrt{2}$

17

a) $f(x)=4x^5+32x^6-3x^8-24x^9$; $f'(x)=20x^4+192x^5-24x^7-216x^8$

b) $f(x)=x^8+x^7-x^4-x^3$; $f'(x)=8x^7+7x^6-4x^3-3x^2$

c) $f'(x) = 8x$

d) $f'(x) = 150x^5 - 350x^4 + 196x^3$

e) $f'(x) = 15x^2 - 2x - 7$

f) $f'(x) = 6x^2 + 6x - 18$

Test

1

Steigung der Sekante: $m_s = -4$; Berührpunkt $(-1|2)$;
t: $y = -4x - 2$

2

a) Steigung der Normale: $m_n = -2$; n: $y = -2x + 2{,}25$

b) Tangentensteigung: $m_t = -2$; Berührpunkt $(-4|4)$;
t: $y = -2x - 4$

3

Potenzregel: $f(x) = x^n,\ n \in \mathbb{N} \Rightarrow f'(x) = n \cdot x^{n-1}$
Summenregel: $f(x) = u(x) + v(x) \Rightarrow f'(x) = u'(x) + v'(x)$
Faktorregel: $f(x) = c \cdot u(x),\ c \in \mathbb{R} \Rightarrow f'(x) = c \cdot u'(x)$

4

a) $f'(x) = 6x^2 - 4 + 24x^3$

b) $f'(x) = 2x + 6$

c) $f'(x) = \frac{\sqrt{5}}{2\sqrt{x}} + \frac{5}{x^2}$

d) $f'(x) = 2x + 1 + \frac{1}{x^2}$

6. Höhere Ableitungen

1

a) $f'(x) = 4x^3$

b) $(f'(x))' = 12x^2$

2

a) $f'(x) = 7x^6$; $f''(x) = 42x^5$; $f'''(x) = 210x^4$; $f^{(4)}(x) = 840x^3$

b) $f'(x) = 8x^7 - 5x^4$; $f''(x) = 56x^6 - 20x^3$; $f'''(x) = 336x^5 - 60x^2$;
$f^{(4)}(x) = 1680x^4 - 120x$

c) $f'(x) = 3x^2 + 2;\quad f''(x) = 6x;\quad f'''(x) = 6;\quad f^{(4)}(x) = 0$

d) $f'(x) = 12x^3 + 30x^5 - 10x^4;\quad f''(x) = 36x^2 + 150x^4 - 40x^3;$
$f'''(x) = 72x + 600x^3 - 120x^2;\quad f^{(4)}(x) = 72 + 1800x^2 - 240x$

e) $f'(x) = \frac{9}{4}x^5 - \frac{14}{9}x^3;\quad f''(x) = \frac{45}{4}x^4 - \frac{14}{3}x^2;\quad f'''(x) = 45x^3 - \frac{28}{3}x;$

$f^{(4)}(x) = 135x^2 - \frac{28}{3}$

3

a) –

b) $f'(x) = 3x^2;\quad f''(x) = 6x;\quad f'''(x) = 6;\quad f^{(4)}(x) = 0$

c) $f^{(5)}(x) = 0$

d) 0

4

a) $f'(x) = \frac{8}{3}x^3;\quad f''(x) = 8x^2;\quad f'''(x) = 16x;\quad f^{(4)}(x) = 16;$

$f^{(5)}(x) = 0,$ ebenso alle weiteren.

b) $f'(x) = 0{,}5x^4 - 6x^2;\quad f''(x) = 2x^3 - 12x;\quad f'''(x) = 6x^2 - 12;$
$f^{(4)}(x) = 12x;\quad f^{(5)}(x) = 12;\quad f^{(6)}(x) = 0,$ ebenso alle weiteren.

5

a)

x	−1	0	1	2	3	4	5	6
f(x)	−1	$\frac{17}{8}$	3	$\frac{19}{8}$	1	$-\frac{3}{8}$	−1	$-\frac{1}{8}$

b) $f'(x) = \frac{3}{8}x^2 - \frac{9}{4}x + \frac{15}{8};$ Scheitelpunkt $\left(3 \,\middle|\, -\frac{3}{2}\right)$

c) $f''(x) = \frac{3}{4}x - \frac{9}{4};\quad f'''(x) = \frac{3}{4};\quad f^{(4)}(x) = 0$

(Abbildungen siehe Buch)

6

a)

x	−3	−2	−1	0	1	2	3	4	5
f(x)	$-\frac{49}{8}$	0	$\frac{25}{8}$	4	$\frac{27}{8}$	2	$\frac{5}{8}$	0	$\frac{7}{8}$

$$f(x) = \frac{1}{8}x^3 - \frac{3}{4}x^2 + 4$$

$$f'(x) = \frac{3}{8}x^2 - \frac{3}{2}x$$

$$f''(x) = \frac{3}{4}x - \frac{3}{2}$$

$$f'''(x) = \frac{3}{4}; \qquad f^{(4)}(x) = 0$$

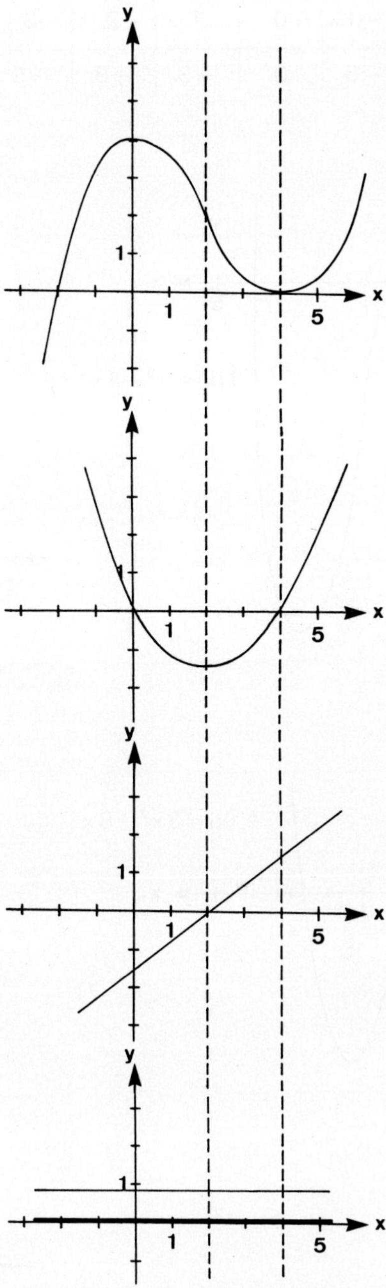

b)

x	−1	0	1	2	3	4	5
f(x)	−5	0	−3	−8	−9	0	25

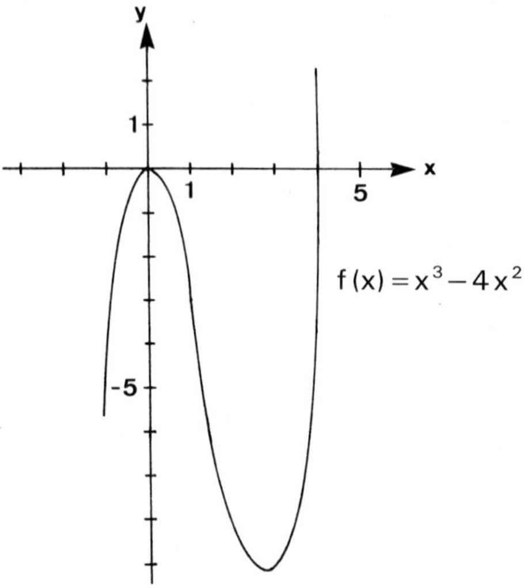

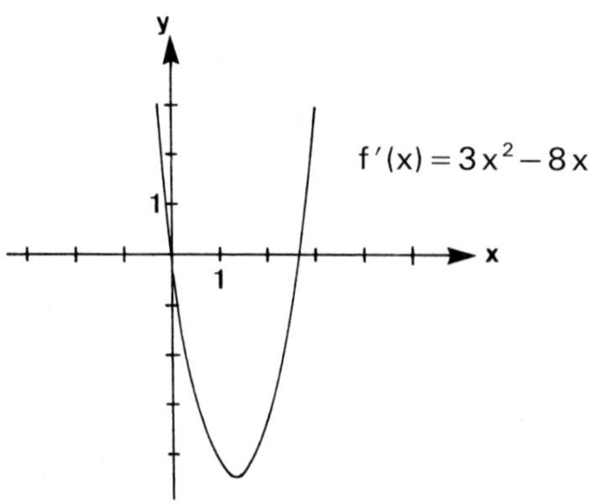

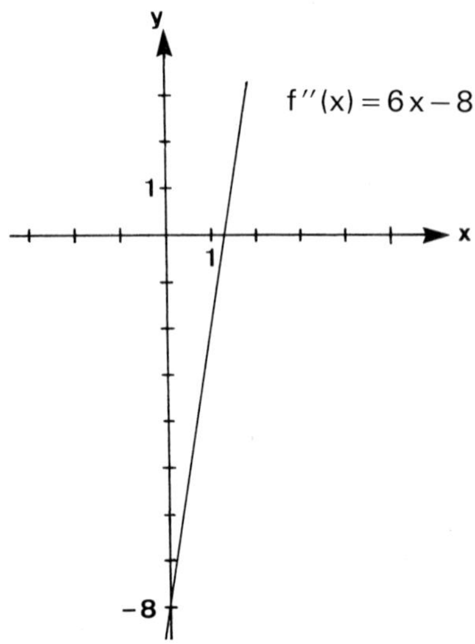

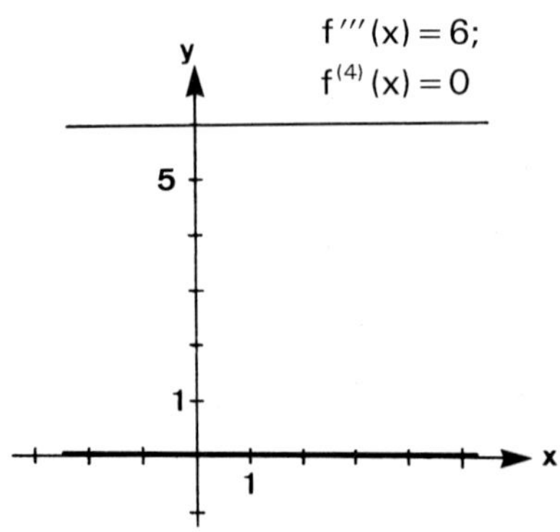

c)

x	−3	−2	−1	0	1	2	3	4
f(x)	−9	$-\frac{2}{3}$	$\frac{5}{3}$	0	$-\frac{11}{3}$	$-\frac{22}{3}$	−9	$-\frac{20}{3}$

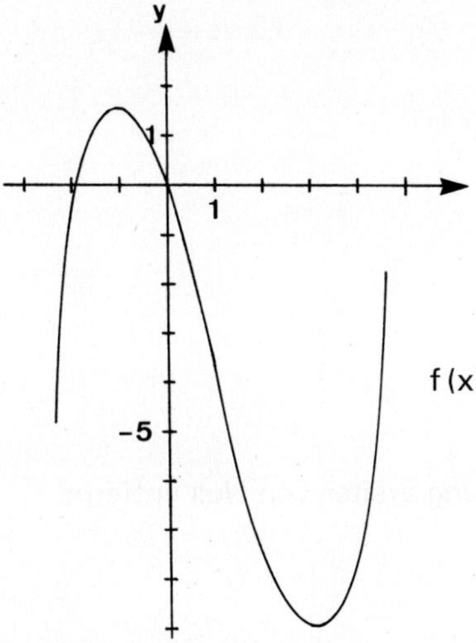

$$f(x) = \frac{x^3}{3} - x^2 - 3x$$

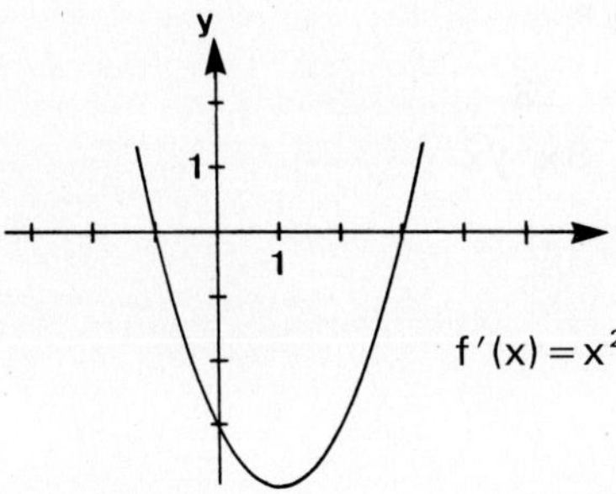

$$f'(x) = x^2 - 2x - 3$$

$f'''(x) = 2;$

$f^{(4)}(x) = 0$

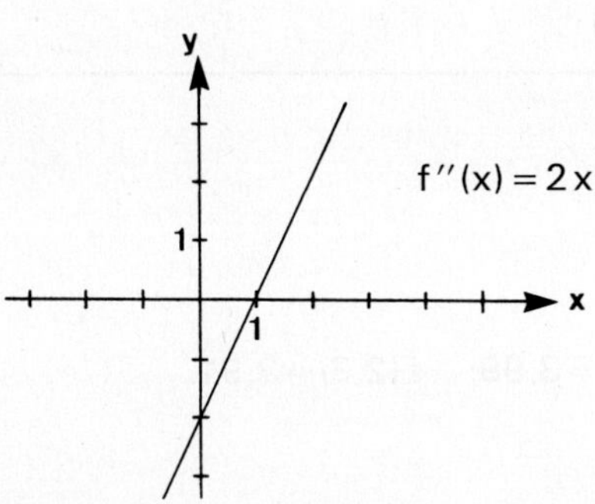

$$f''(x) = 2x - 2$$

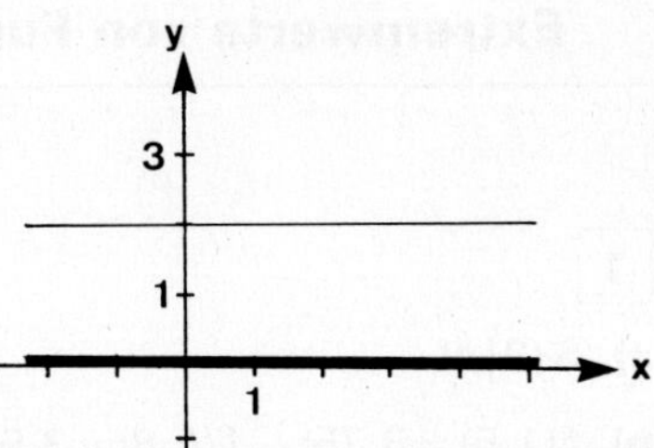

7

Wir können in beiden Fällen keine höheren Ableitungen bilden, da es sich bei den Funktionen nicht um Potenzfunktionen mit natürlichen Exponenten handelt.

8

$$f(x) = \sqrt{x} = x^{\frac{1}{2}} \Rightarrow f'(x) = \frac{1}{2} \cdot x^{-\frac{1}{2}} = \frac{1}{2\sqrt{x}}$$

9

$$f''(x) = (-1) \cdot (-2) \cdot x^{-3} = \frac{2}{x^3}$$

$$f'''(x) = (-1) \cdot (-2) \cdot (-3) \cdot x^{-4} = -\frac{6}{x^4}$$

Nein, da sich der Exponent mit jeder Ableitung weiter von Null entfernt.

10

$$f''(x) = \frac{1}{2} \cdot \left(-\frac{1}{2}\right) \cdot x^{-\frac{3}{2}} = -\frac{1}{4\sqrt{x^3}} = -\frac{1}{4x\sqrt{x}}$$

$$f'''(x) = \frac{1}{2} \cdot \left(-\frac{1}{2}\right) \cdot \left(-\frac{3}{2}\right) \cdot x^{-\frac{5}{2}} = \frac{3}{8\sqrt{x^5}} = \frac{3}{8x^2\sqrt{x}}$$

Niemals (vgl. Aufg. 9)!

7. Anwendungen II – Extremwerte von Funktionen

1

a) S(2|4)

b) f(1,5) = 3,75; f(1,8) = 3,96; f(2,1) = 3,99; f(2,3) = 3,91.
Sie sind alle kleiner als 4.

c) Nein.

2

a) Kein Extremum, da $f(2)=21$ größer ist als $f(1{,}9)=19{,}815$, aber kleiner ist als $f(2{,}1)=22{,}215$.

b) Lokales Minimum, da $f(5)=-25$ kleiner ist als $f(4{,}9)=-24{,}941$ und $f(5{,}1)=-24{,}939$.

c) Kein Extremum.

d) Lokales Maximum.

3

a) $f'(x)=-2x+4$

b)

x_0	1,5	1,8	1,9	2	2,1	2,2	2,5
$f(x_0)$	1	0,4	0,2	0	−0,2	−0,4	−1

c) $x_0=2$ (lokales Maximum).

d) $f'(x)=-2x+4$

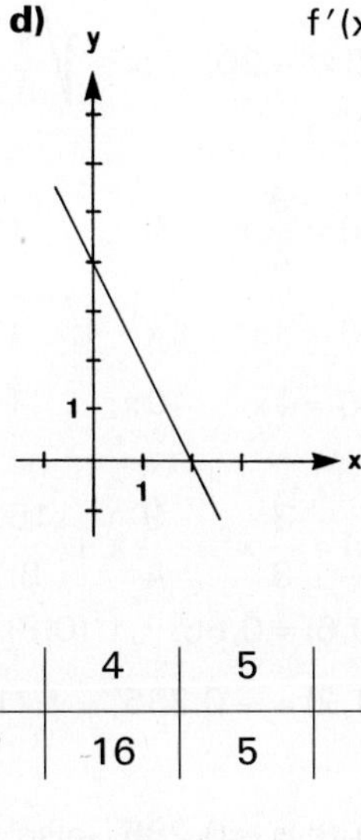

4

a) $x=1$: lokales Maximum;
$x=5$: lokales Minimum

b) $f'(1)=0$ und $f'(5)=0$

c) Nein.

5

x	−1	0	1	2	3	4	5	6	7
f(x)	−49	0	25	32	27	16	5	0	7

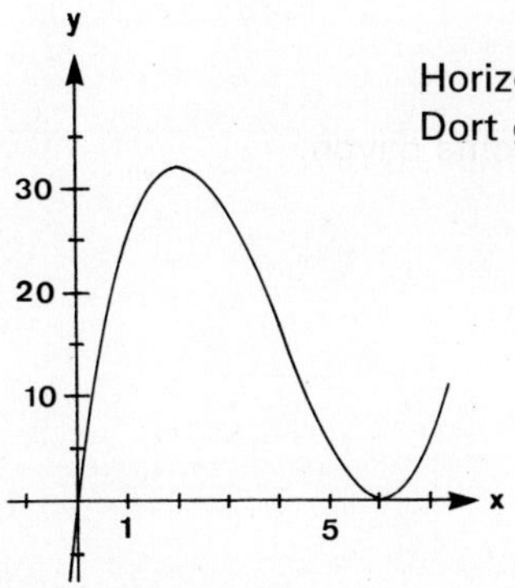

Horizontale Tangenten an den Stellen $x=2$ und $x=6$. Dort gilt $f'(2)=0$ und $f'(6)=0$.

6

a) Nein.

b) $f'(x)=3x^2$; $f'(0)=0$.

Die Tangente verläuft horizontal.

7

a) $f'(x) = 3x^2 + 18x - 21$

Bestimmung der Nullstellen: $0 = 3x^2 + 18x - 21 \quad | :3$

$0 = x^2 + 6x - 7$

$\Rightarrow \; x = -7$ oder $x = 1.$

b) $f'(x) = 6x^2 - 30x + 36; \quad x = 2$ oder $x = 3$

c) $f'(x) = \frac{9}{4}x^2 - 2x; \quad x = 0$ oder $x = \frac{8}{9}$

d) $f'(x) = 12x^2 + 18x - 12; \quad x = 0{,}5$ oder $x = -2$

e) $f'(x) = 3x^2 - 12x + 12; \quad x = 2$

f) $f'(x) = 15x^2 - 20; \quad x = \sqrt{\frac{4}{3}} = \frac{2}{\sqrt{3}} = \frac{2}{3}\sqrt{3}$ oder $x = -\sqrt{\frac{4}{3}} = -\frac{2}{3}\sqrt{3}$

8 **a)** $f'(x) = \frac{3}{4}x^2 - 3; \quad f'(-2) = 0 \Rightarrow$ horizontale Tangente

b) $f'(x) = 3x^2 - 2x - 4; \quad f'(1) = -3 \Rightarrow$ keine horizontale Tangente

c) $f'(x) = 4x^3 - 40x; \quad f'(0) = 0 \Rightarrow$ horizontale Tangente

9 **a)** $f'(x) = \frac{3}{8}x^2 - \frac{9}{4}x + \frac{15}{8}$

$f'(0{,}6) = 0{,}66; \quad f'(0{,}8) = 0{,}315$

b) $f'(1{,}2) = -0{,}285; \quad f'(1{,}4) = -0{,}54$

10 **a)** $f'(4{,}8) = -0{,}285$, also negativ;
$f'(5{,}2) = +0{,}315$, also positiv.

b) Sie fallen links von $x = 5$ und steigen rechts davon.

c) –

11 **a)** $3x^2 - 12x + 9 = 0 \quad | :3$

$x^2 - 4x + 3 = 0$

$\Rightarrow \; x = 1$ oder $x = 3$

$f'(x) = 3 \cdot (x - 1) \cdot (x - 3)$

b) Keine Nullstellen, daher keine Faktorzerlegung möglich!

c) $f'(x) = 0{,}5 \cdot (x+2) \cdot (x-2)$

d) $f'(x) = 2 \cdot x \cdot (x+7)$

e) $f'(x) = 8 \cdot (x-2) \cdot (x-5)$

f) $f'(x) = -(x+3) \cdot (x-6)$

12

a)

	$x<1$	$1<x<3$	$3<x$
$x-1$	$-$	$+$	$+$
$x-3$	$-$	$-$	$+$
3	$+$	$+$	$+$
$f'(x)$	$+$	$-$	$+$

b) –

c)

	$x<-2$	$-2<x<2$	$2<x$
$x+2$	$-$	$+$	$+$
$x-2$	$-$	$-$	$+$
$0{,}5$	$+$	$+$	$+$
$f'(x)$	$+$	$-$	$+$

d)

	$x<-7$	$-7<x<0$	$0<x$
x	$-$	$-$	$+$
$x+7$	$-$	$+$	$+$
2	$+$	$+$	$+$
$f'(x)$	$+$	$-$	$+$

e)

	$x<2$	$2<x<5$	$5<x$
$x-2$	$-$	$+$	$+$
$x-5$	$-$	$-$	$+$
8	$+$	$+$	$+$
$f'(x)$	$+$	$-$	$+$

f)

	$x<-3$	$-3<x<6$	$6<x$
$x+3$	$-$	$+$	$+$
$x-6$	$-$	$-$	$+$
-1	$-$	$-$	$-$
$f'(x)$	$-$	$+$	$-$

13

a) $f'(x) = 12x^2 - 12x - 24 = 12(x+1)(x-2)$

	$x<-1$	$-1<x<2$	$2<x$
$x+1$	$-$	$+$	$+$
$x-2$	$-$	$-$	$+$
12	$+$	$+$	$+$
$f'(x)$	$+$	$-$	$+$

→ VZW von + nach –   → VZW von – nach +

An der Stelle $x = -1$ liegt ein relatives Maximum, bei $x = 2$ ein relatives Minimum.

b) $f'(x) = 3x^2 - 12x = 3x(x-4)$

	$x<0$	$0<x<4$	$4<x$
x	$-$	$+$	$+$
$x-4$	$-$	$-$	$+$
3	$+$	$+$	$+$
$f'(x)$	$+$	$-$	$+$

VZW von + nach − (bei $x=0$); VZW von − nach + (bei $x=4$)

$x=0$ relatives Maximum; $x=4$ relatives Minimum

c) $x=-3$ relat. Maximum; $x=0{,}5$ relat. Minimum

d) $x=-\frac{2}{3}$ relat. Maximum; $x=3$ relat. Minimum

e) $x=-1{,}5$ relat. Maximum; $x=0$ relat. Minimum

f) $f'(x) = 4x^3 - 4x = 4x(x+1)(x-1)$

	$x<-1$	$-1<x<0$	$0<x<1$	$1<x$
x	$-$	$-$	$+$	$+$
$x+1$	$-$	$+$	$+$	$+$
$x-1$	$-$	$-$	$-$	$+$
4	$+$	$+$	$+$	$+$
$f'(x)$	$-$	$+$	$-$	$+$

VZW von − nach + (bei $x=-1$); VZW von + nach − (bei $x=0$); VZW von − nach + (bei $x=1$)

Bei $x=-1$ oder $x=1$ relat. Minimum, bei $x=0$ relat. Maximum.

14

a) $f'(x) = 6x^2$

	$x<0$	$0<x$
x^2	$+$	$+$
6	$+$	$+$
$f'(x)$	$+$	$+$

kein VZW!

Die Funktion besitzt kein Extremum!

b) $x = \frac{2}{3}$ Hochpunkt; $x = 2$ Tiefpunkt

c) Kein Extremum. (Kein VZW von $f'(x)$ bei $x = -1$!)

d) $f'(x) = 4x^3$

	$x<0$	$0<x$
x^3	−	+
4	+	+
$f'(x)$	−	+

$\longrightarrow$ VZW von − nach +   Tiefpunkt bei $x = 0$.

15

a) Null.

b) $f''(x) = \frac{3}{4}x - \frac{9}{4}$; $f''(1) = -\frac{3}{2}$; $f''(5) = \frac{3}{2}$

c) Er fällt für $x < 3$ und steigt für $x > 3$.

d) Für $x < 3$ negative, für $x > 3$ positive Vorzeichen.

16

a) (a) $f''(x) = 24x - 12$
$x = -1$ (relat. Maximum): $f''(-1) = -36$
$x = 2$ (relat. Minimum): $f''(2) = 36$

(b) $f''(x) = 6x - 12$; $f''(0) = -12$; $f''(4) = 12$

(c) $f''(x) = 12x + 15$; $f''(-3) = -21$; $f''(0{,}5) = 21$

(d) $f''(x) = 6x - 7$; $f''\left(-\frac{2}{3}\right) = -11$; $f''(3) = 11$

(e) $f''(x) = 24x + 18$; $f''(-1{,}5) = -18$; $f''(0) = 18$

(f) $f''(x) = 12x^2 - 4$; $f''(-1) = 8$; $f''(0) = -4$; $f''(1) = 8$

b) Bei relativen Maxima ist das Vorzeichen von $f''(x)$ negativ, bei relativen Minima positiv.

17

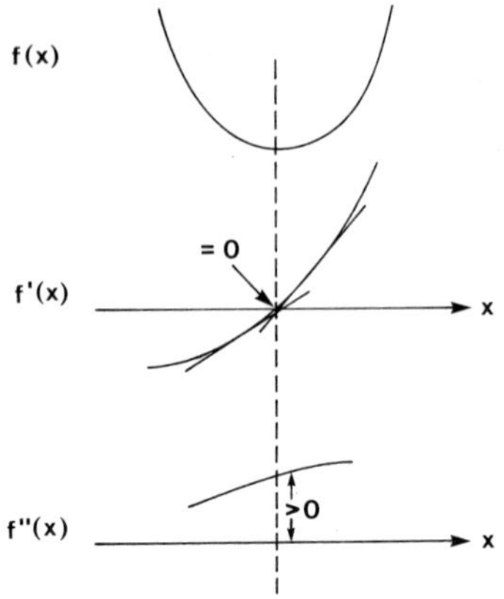

positive Steigungen

positive Funktionswerte der 2. Ableitungsfunktion

18

a) $f'(x) = 3x^2 + 9x - 30$; Nullstellen: $x = -5$ oder $x = 2$;
$f''(x) = 6x + 9$; $f''(-5) = -21 < 0$; $f''(2) = 21 > 0$

An der Stelle $x = -5$ befindet sich ein relatives Maximum, bei $x = 2$ ein relatives Minimum.

b) $f'(x) = 9x^2 - 16$; Nullstellen: $x = -\frac{4}{3}$ oder $x = \frac{4}{3}$;

$f''(x) = 18x$; $f''\left(-\frac{4}{3}\right) = -24 < 0$; $f''\left(\frac{4}{3}\right) = 24 > 0$

An der Stelle $x = -\frac{4}{3}$ befindet sich ein relatives Maximum, bei $x = \frac{4}{3}$ ein relatives Minimum.

c) $x = -1{,}5$ relat. Maximum; $x = -0{,}5$ relat. Minimum

d) $x = -\frac{1}{4}$ relat. Maximum; $x = \frac{2}{3}$ relat. Minimum

e) $x = 0$ relat. Maximum; $x = 4{,}5$ relat. Minimum

f) $x = 0$ relat. Maximum; $x = \frac{5}{6}$ relat. Minimum

g) $x = 0$ relat. Maximum; $x = 1$ oder $x = -1$ relat. Minimum

h) $f'(x) = 4x^3 + 3x^2$; Nullstellen: $x = 0$ oder $x = -\frac{3}{4}$

$f''(x) = 12x^2 + 6x$; $f''(0) = 0!$ Keine Aussage möglich!

$f''\left(-\frac{3}{4}\right) = \frac{9}{4} > 0 \Rightarrow$ relat. Minimum

19

a) $x = -1$ relat. Maximum; $x = -\frac{2}{3}$ relat. Minimum

b) $x = 0$ relat. Maximum; $x = \frac{5}{3}$ relat. Minimum

c) $x = -\frac{5}{6}$ relat. Minimum

d) $x = 0$ relat. Maximum; $x = -3$ oder $x = 3$ relat. Minimum

20

a) $x = 0$ **b)** $f''(x) = 6x$ **c)** $f''(0) = 0$

d) $f'(x) = 3x^2$

	$x<0$	$0<x$
x^2	+	+
3	+	+
$f'(x)$	+	+

Kein Vorzeichenwechsel, also kein Extremum!

21

a) $f''(x) = 12x^2$; $f''(0) = 0$

b) $f'(x) = 4x^3$

	$x<0$	$0<x$
x^3	−	+
4	+	+
$f'(x)$	−	+

$\longrightarrow$ VZW von − nach +

An der Stelle $x = 0$ befindet sich ein Tiefpunkt.

c)

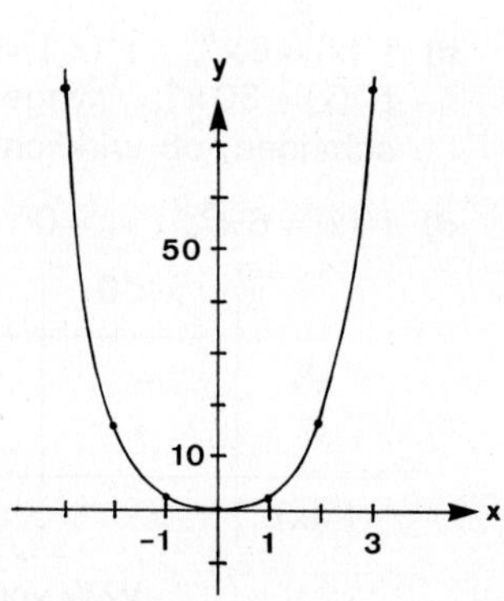

22 **a)** $x = 0$ kein Extremum, sondern ein Sattelpunkt.

b) $x = 0$ Tiefpunkt.

c) $x = -1$ kein Extremum, sondern ein Sattelpunkt.

d) $x = 0$ kein Extremum, sondern ein Sattelpunkt;

$x = \frac{3}{4}$ Tiefpunkt.

23 **a)** $x = 0$ Hochpunkt; $x = 1$ Tiefpunkt

b) $x = 0$ kein Extremum, sondern ein Sattelpunkt.

c) $x = 0$ kein Extremum, sondern ein Sattelpunkt;
$x = -\sqrt{3}$ Hochpunkt; $x = \sqrt{3}$ Tiefpunkt.

d) $x = -1$ Hochpunkt; $x = \sqrt{2}$ oder $x = -\sqrt{2}$ Tiefpunkt.

e) $x = \frac{3}{2}$ kein Extremum, sondern ein Sattelpunkt.

f) $x = 2$ kein Extremum, sondern ein Sattelpunkt.

Test

1 **a)** $f'(x) = 5x^4 + 9x^2$; $f''(x) = 20x^3 + 18x$; $f'''(x) = 60x^2 + 18$;
$f^{(4)}(x) = 120x$; $f^{(5)}(x) = 120$; $f^{(6)} = 0$ und alle weiteren.

b) $f'(x) = 0{,}8x^3 - x$; $f''(x) = 2{,}4x^2 - 1$; $f'''(x) = 4{,}8x$
$f^{(4)}(x) = 4{,}8$; $f^{(5)}(x) = 0$ und alle weiteren.

2 **a)** $f'(x) = 0$

b) $f'(x) = 0$ und VZW von f' oder: $f'(x) = 0$ und $f''(x) \neq 0$

c) $f'(x) = 6x^5$; $f'(x_0) = f'(0) = 0$ (notw. Bedingung ist erfüllt);
$f''(x) = 30x^4$; wegen $f''(x_0) = f''(0) = 0$ läßt sich aber nicht entscheiden, ob wirklich ein relat. Extremum vorliegt.

d) $f'(x) = 6x^5$; $x_0 = 0$

	$x < 0$	$x > 0$
x^5	$-$	$+$
6	$+$	$+$
$f'(x)$	$-$	$+$

$\longrightarrow$ VZW von $-$ nach $+$

An der Stelle $x_0 = 0$ befindet sich ein relatives Minimum.

3 **a)** $x = 0$ Hochpunkt; $x = \frac{5}{6}$ Tiefpunkt

b) $x = -2$ Hochpunkt; $x = 2$ Tiefpunkt

c) $x = -5$ Hochpunkt; $x = 1{,}5$ Tiefpunkt

d) $x = 0$ Sattelpunkt

4 **a)** $x = -1$ Tiefpunkt; $x = 0{,}4$ Hochpunkt;
$x = 1$ Tiefpunkt

b) $x = -\frac{1}{2}$ Hochpunkt; $x = \frac{1}{3}$ Tiefpunkt

c) $x = 0$ Tiefpunkt; $x = 1$ Hochpunkt; $x = 11$ Tiefpunkt

d) $x = 0$ Sattelpunkt; $x = 36$ Tiefpunkt

8. Anwendungen III – Wendepunkte von Funktionen

1

Rechtskurve

Linkskurve

2

a) $f'(x) = 6x^2 + 24x$
Untersuchung von $f'(x)$ auf Extremstellen:
$(f'(x))' = f''(x) = 12x + 24$; Nullstelle: $x = -2$;
$f''(x)$ wechselt bei $x = -2$ das Vorzeichen $\Rightarrow$ $f'(x)$ besitzt bei $x = -2$ ein relatives Extremum $\Rightarrow$ $f(x)$ besitzt bei $x = -2$ eine Wendestelle.

b) $f'(x) = 12x^3 + 18x^2 + 4$
Untersuchung von $f'(x)$ auf Extremstellen:
$(f'(x))' = f''(x) = 36x^2 + 36x$; Nullstellen: $x = 0$ oder $x = -1$;
$f''(x)$ wechselt sowohl bei $x = 0$ als auch bei $x = -1$ das Vorzeichen $\Rightarrow$
$f'(x)$ besitzt an beiden Stellen relative Extrema.
$\Rightarrow$ $f(x)$ besitzt bei $x = 0$ und bei $x = -1$ jeweils eine Wendestelle.

c) Wendestelle bei $x = \frac{1}{4}$

d) Wendestelle bei $x = 0$

3

a) $f''(x) = 6x - 8$; Nullstelle (mögliche Wendestelle): $x = \frac{4}{3}$

b) $f''(x) = 12x^2 + 12$ besitzt keine Nullstellen

c) $f''(x) = 30x^4$; Nullstelle (mögliche Wendestelle): $x = 0$

d) $f''(x) = 12x^2 - 24$; Nullstellen (mögliche Wendestellen): $x = -\sqrt{2}$ oder $x = \sqrt{2}$

4

a) $f''(x) = 6x$

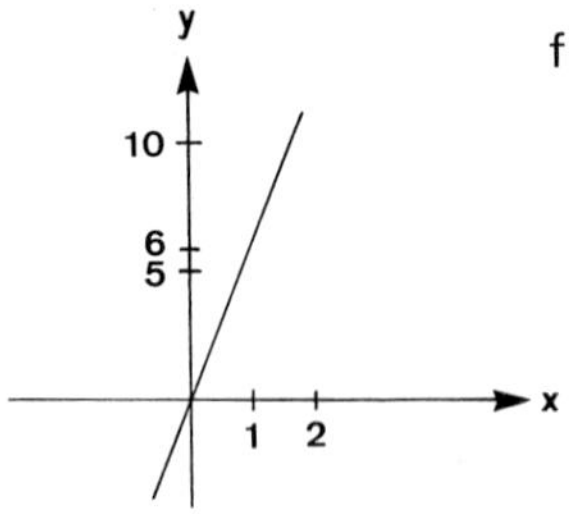

$f''(x) = 12x^2$

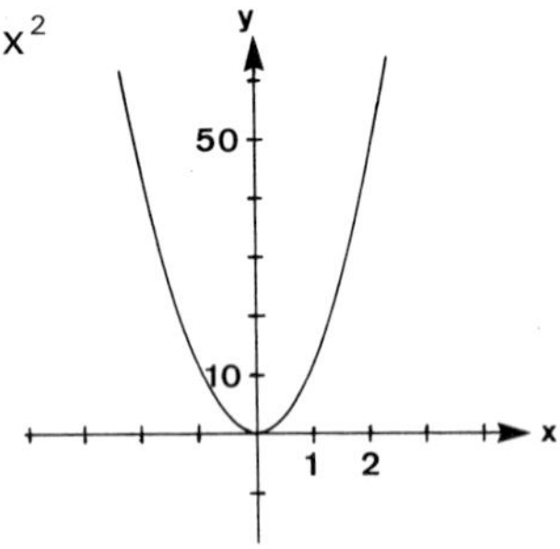

b)

	$x<0$	$0<x$
$f''(x) = 6x$	$-$	$+$

	$x<0$	$0<x$
$f''(x) = 12x^2$	$+$	$+$

c) –

5

a) $f''(x) = 24x - 6$; Nullstelle bei $x = \frac{1}{4}$

	$x < \frac{1}{4}$	$\frac{1}{4} < x$
$x - \frac{1}{4}$	$-$	$+$
24	$+$	$+$
$f''(x)$	$-$	$+$

$\longrightarrow$ VZW

$\Rightarrow$ Wendepunkt bei $x = \frac{1}{4}$

b) $f''(x) = 36x^2 - 12x$; Nullstellen bei $x = 0$ oder $x = \frac{1}{3}$

	$x<0$	$0<x<\frac{1}{3}$	$\frac{1}{3}<x$
x	−	+	+
$x-\frac{1}{3}$	−	−	+
36	+	+	+
$f''(x)$	+	−	+

$\overrightarrow{\text{VZW}}$ $\overrightarrow{\text{VZW}}$

$\Rightarrow$ Wendepunkte bei $x = 0$ oder $x = \frac{1}{3}$

c) $f''(x) = 12x^2 + 24x + 12$; Nullstelle bei $x = -1$, aber kein Wendepunkt, da $f''(x)$ bei $x = -1$ nicht das Vorzeichen wechselt.

d) $f''(x) = 3x^2 - 30x + 27$; Wendepunkte bei $x = 1$ oder $x = 9$

e) $f''(x) = 6x + 6$; Wendepunkt bei $x = -1$

f) $f''(x) = 12x^2 - 48x + 48$; Nullstelle bei $x = 2$, aber kein Wendepunkt, da $f''(x)$ bei $x = 2$ nicht das Vorzeichen wechselt.

6

a) Wendepunkte: $(-2|10)$; $(2|10)$; $f'(x) = 6x - \frac{1}{2}x^3$
Steigungen der Wendetangenten: $m_t = f'(-2) = -8$; $m_t = f'(2) = 8$
Wendetangenten: t: $y = -8x - 6$; t: $y = 8x - 6$

b) Wendepunkte: $(1|7)$; $(2|16)$; $f'(x) = 4x^3 - 18x^2 + 24x$
Steigungen der Wendetangenten: $m_t = f'(1) = 10$; $m_t = f'(2) = 8$
Wendetangenten: t: $y = 10x - 3$; t: $y = 8x$

c) Wendepunkt: $(-1|-2)$; Steigung der Wendetangente: $m_t = f'(-1) = -3$
Wendetangente: t: $y = -3x - 5$

d) Wendepunkt: $\left(\frac{8}{3}\middle|\frac{64}{27}\right)$; Steigung der Wendetangente: $m_t = f'\left(\frac{8}{3}\right) = -\frac{8}{3}$
Wendetangente: t: $y = -\frac{8}{3}x + \frac{256}{27}$

7

a) $f''(x) = 12x^2 - 6x$; mögliche Wendestellen: $x = 0$ oder $x = \frac{1}{2}$;

$f'''(x) = 24x - 6$; $f'''(0) = -6 \neq 0$; $f'''\left(\frac{1}{2}\right) = 6 \neq 0$

$\Rightarrow$ $x = 0$ oder $x = \frac{1}{2}$ sind Wendestellen.

b) $f''(x) = 12x^2 - 36$; mögliche Wendestellen: $x = -\sqrt{3}$ oder $x = \sqrt{3}$;
$f'''(x) = 24x$; $f'''(-\sqrt{3}) = -24\sqrt{3} \neq 0$; $f'''(\sqrt{3}) = 24\sqrt{3} \neq 0$
$\Rightarrow$ $x = -\sqrt{3}$ oder $x = \sqrt{3}$ sind Wendestellen.

c) $x = 0$ Wendestelle

d) $x = -1$, $x = 2$ Wendestellen

e) $x = \frac{1}{2}$ Wendestelle

f) $x = -\frac{1}{6}$, $x = \frac{3}{5}$ Wendestellen

g) $x = -1$, $x = 1$ Wendestellen

h) $x = \frac{4}{3}$ Wendestelle

8

a) Wendepunkt $(-1|5)$; Wendetangente: t: $y = -3x + 2$

b) Wendepunkte $(-1|-2{,}5)$ oder $(2|-22)$;
Wendetangenten: t: $y = 7x + 4{,}5$ oder t: $y = -20x + 18$

c) Wendepunkt $\left(\frac{8}{3}\middle|\frac{32}{27}\right)$; Wendetangente: t: $y = -\frac{4}{3}x + \frac{128}{27}$

d) Wendepunkte $\left(\frac{3}{4}\middle|\frac{265}{64}\right)$ oder $\left(-\frac{3}{4}\middle|-\frac{23}{64}\right)$;

Wendetangenten: t: $y = -\frac{3}{2}x + \frac{337}{64}$ oder t: $y = \frac{15}{2}x + \frac{337}{64}$

e) Wendepunkte $(0|0)$ oder $(1|1)$;
Wendetangenten: t: $y = 0$ (x-Achse!) oder t: $y = 2x - 1$

f) Wendepunkt $(3|-4)$; Wendetangente: t: $y = -54x + 158$

9

a) $f_1''(x) = 12x^2$; mögliche Wendestelle bei $x=0$;
$f_1'''(x) = 24x$; $f_1'''(0)=0 \Rightarrow$ keine Aussage möglich;
$f_2''(x) = 20x^3$; mögliche Wendestelle bei $x=0$;
$f_2'''(x) = 60x^2$; $f_2'''(0)=0 \Rightarrow$ keine Aussage möglich

b) Die Funktion $f_1(x)$ besitzt an der Stelle $x=0$ keinen Wendepunkt (kein Vorzeichenwechsel von $f_1''(x)$ bei $x=0$!), wohl aber die Funktion $f_2(x)$!

c) –

10

a) Kein Wendepunkt, da kein VZW von $f''(x)$ an der Stelle $x=0$.

b) Wendepunkte bei $x=-\sqrt{\frac{1}{3}}=-\frac{1}{3}\sqrt{3}$ oder $x=\sqrt{\frac{1}{3}}=\frac{1}{3}\sqrt{3}$.

c) Kein Wendepunkt, da kein VZW von $f''(x)$ an der Stelle $x=1$.

d) Wendepunkt bei $x=-2$.

e) Wendepunkte bei $x=0$ oder $x=\frac{1}{3}$.

f) Kein Wendepunkt, da kein VZW von $f''(x)$ an der Stelle $x=-1$.

11

a) $f'(x)=6x^2+12x+12$ besitzt keine Nullstellen $\Rightarrow$ kein rel. Extremum;
Wendepunkt bei $x=-1$

b) Hochpunkt bei $x=0$; Tiefpunkte bei $x=3$ oder $x=-3$;
Wendepunkte bei $x=\sqrt{3}$ oder $x=-\sqrt{3}$

c) Hochpunkt bei $x=-\frac{1}{2}$; Tiefpunkt bei $x=\frac{2}{3}$;
Wendepunkt bei $x=\frac{1}{12}$

d) Hochpunkt bei $x=0$; Tiefpunkte bei $x=3$ oder $x=-3$;
Wendepunkte bei $x=\sqrt{3}$ oder $x=-\sqrt{3}$

e) Tiefpunkt bei $x=2$; Wendepunkte bei $x=0$ oder $x=\frac{5}{4}$

f) Hochpunkt bei $x=0$; Tiefpunkt bei $x=2$;
Wendepunkt bei $x=1$

12

a) $f'(x)=10x^8-3$; $f'(0)=-3 \Rightarrow$ kein Extremum, da notwendige Bedingung nicht erfüllt;
$f''(x)=90x^7$; $f''(0)=0$; an der Stelle $x_0=0$ befindet sich ein Wendepunkt (Vorzeichenuntersuchung von $f''(x)$ liefert einen Vorzeichenwechsel).

b) $f'(x)=3x^2-18x+27$; $f'(3)=0$, aber kein VZW von $f'(x)$;
$f''(x)=6x-18$; $f''(3)=0$ und VZW von $f''(x)$
$\Rightarrow$ bei $x_0=3$ befindet sich ein Wendepunkt.

c) $f'(x)=4x^3+3x^2-6x-5$; $f'(-1)=0$, aber kein VZW von $f'(x)$;
$f''(x)=12x^2+6x-6$; $f''(-1)=0$ und VZW von $f''(x)$
$\Rightarrow$ bei $x_0=-1$ befindet sich ein Wendepunkt.

d) $f'(x)=6x^5-36x^3-162x$; $f'(3)=0$ und VZW von $f''(x)$
(von − nach +) $\Rightarrow$ bei $x_0=3$ befindet sich ein rel. Minimum.

13

a) Nullstellen: $x=0$ oder $x=3$ oder $x=-3$;

$f'(x)=\frac{2}{3}x^3-3x$; Hochpunkt $(0|0)$,

Tiefpunkte: $\left(3\sqrt{\frac{1}{2}}=\frac{3}{2}\sqrt{2}\,\middle|\,-\frac{27}{8}\right)$ oder $\left(-\frac{3}{2}\sqrt{2}\,\middle|\,-\frac{27}{8}\right)$

$f''(x)=2x^2-3$; Wendepunkte $\left(\sqrt{\frac{3}{2}}=\frac{1}{2}\sqrt{6}\,\middle|\,-\frac{15}{8}\right)$ oder $\left(-\frac{1}{2}\sqrt{6}\,\middle|\,-\frac{15}{8}\right)$

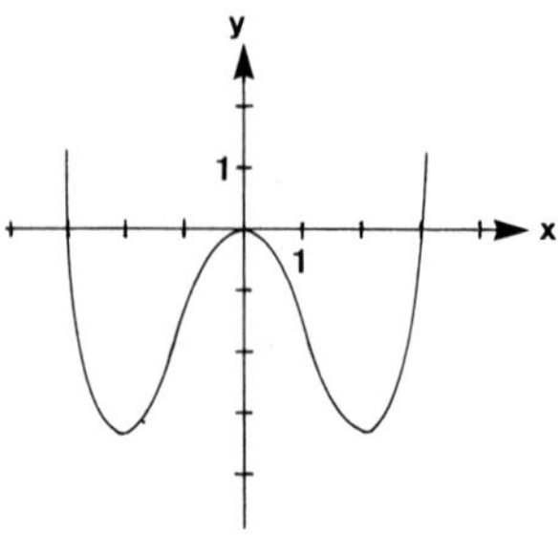

b) Nullstellen: $x=-1$ oder $x=2$;
$f'(x)=3x^2-6x$; Hochpunkt $(0|4)$;
Tiefpunkt $(2|0)$;
$f''(x)=6x-6$; Wendepunkt $(1|2)$

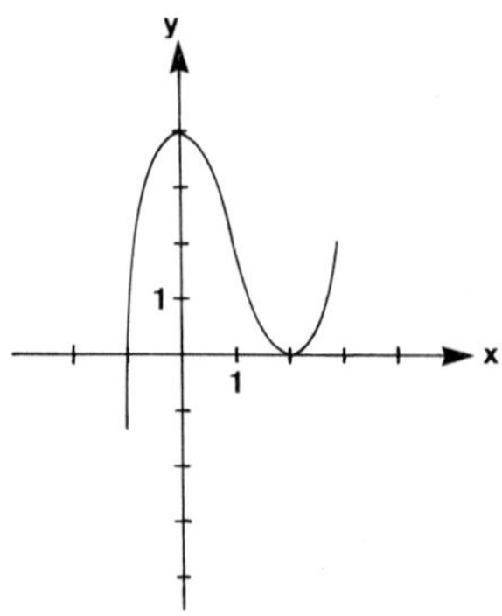

c) Nullstellen: $x = 0$ oder $x = 3$;

$f'(x) = \frac{1}{4}x^2 - x + \frac{3}{4}$; Hochpunkt $\left(1 \,\middle|\, \frac{1}{3}\right)$;

Tiefpunkt $(3|0)$;

$f''(x) = \frac{1}{2}x - 1$; Wendepunkt $\left(2 \,\middle|\, \frac{1}{6}\right)$

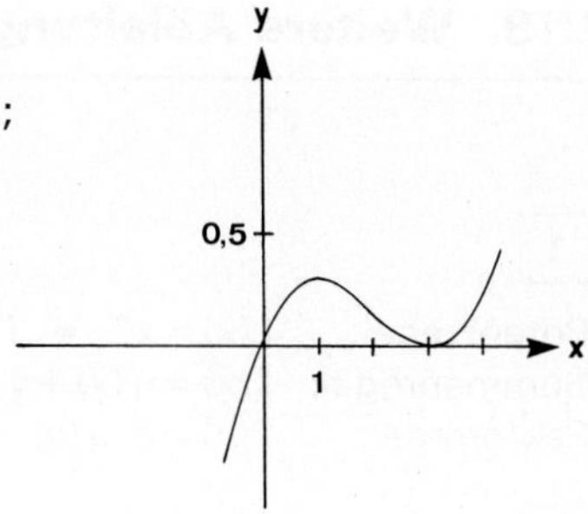

d) Nullstellen: $x = 0$ oder $x = 2$:

$f'(x) = 8x^3 - 12x^2$; Tiefpunkt $\left(\frac{3}{2} \,\middle|\, -\frac{27}{8}\right)$;

Sattelpunkt $(0|0)$;

$f''(x) = 24x^2 - 24x$; Wendepunkt $(1|-2)$

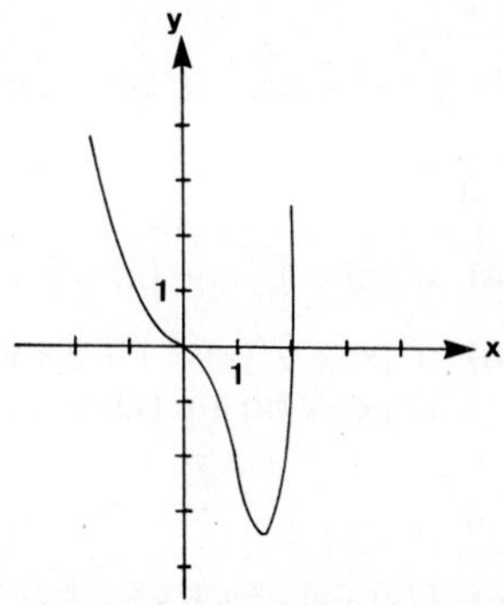

e) Nullstellen: $x = 1$ oder $x = -1$;

$f'(x) = 12x^3 - 12x$; Hochpunkt $(0|3)$;

Tiefpunkte $(1|0)$ oder $(-1|0)$;

$f''(x) = 36x^2 - 12$;

Wendepunkte $\left(\sqrt{\frac{1}{3}} = \frac{1}{3}\sqrt{3} \,\middle|\, \frac{4}{3}\right)$

oder $\left(-\frac{1}{3}\sqrt{3} \,\middle|\, \frac{4}{3}\right)$

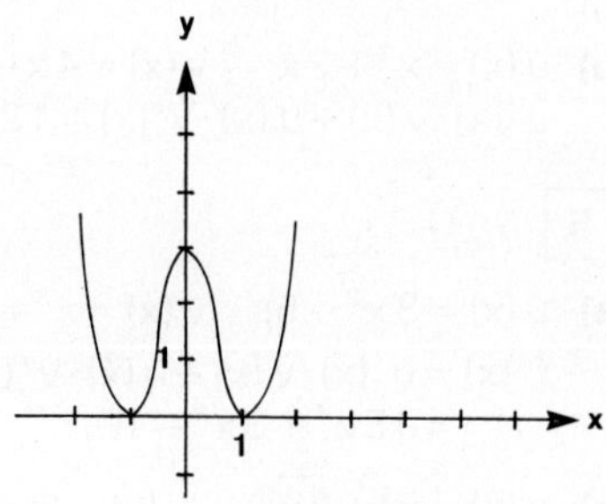

f) Nullstellen: $x = 0$ oder $x = -3$;

$f'(x) = 3x^2 + 12x + 9$; Hochpunkt $(-3|0)$;

Tiefpunkt $(-1|-4)$;

$f''(x) = 6x + 12$; Wendepunkt $(-2|-2)$

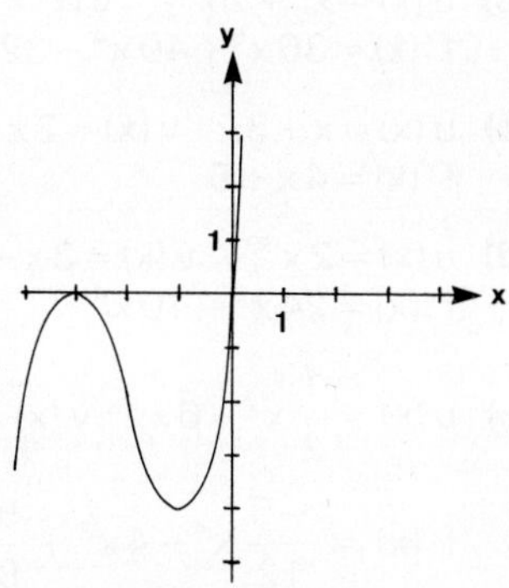

(*) 9. Weitere Ableitungsregeln

1

Potenzregel: $f(x) = x^n \Rightarrow f'(x) = n \cdot x^{n-1}, \; x \in \mathbb{R}$
Summenregel: $f(x) = u(x) + v(x) \Rightarrow f'(x) = u'(x) + v'(x)$
Faktorregel: $f(x) = c \cdot u(x) \Rightarrow f'(x) = c \cdot u'(x), \; c \in \mathbb{R}$

2

$f(x) = x^3 + x^2; \quad f'(x) = 3x^2 + 2x$

3

a) $u'(x) = 1; \quad v'(x) = 2x$

b) $u'(x) + v'(x) = 1 + 2x \neq f'(x); \quad u'(x) \cdot v'(x) = 2x \neq f'(x)$
$u'(x) \cdot v(x) + u(x) \cdot v'(x) = 3x^2 + 2x = f'(x)$

4

a) $f(x) = 4x^3 + 5x^2 - 6x; \quad f'(x) = 12x^2 + 10x - 6$

b) $u(x) = x^2 + 2x; \quad v(x) = 4x - 3; \quad u'(x) = 2x + 2; \quad v'(x) = 4;$
$u'(x) \cdot v(x) + u(x) \cdot v'(x) = 12x^2 + 10x - 6 = f'(x)$

5

a) $u(x) = 3x^2 - 5; \quad v(x) = x^3 + 2x; \quad u'(x) = 6x; \quad v'(x) = 3x^2 + 2$
$f'(x) = u'(x) \cdot v(x) + u(x) \cdot v'(x) = 6x \cdot (x^3 + 2x) + (3x^2 - 5) \cdot (3x^2 + 2)$
$= 15x^4 + 3x^2 - 10$

b) $u(x) = x^4 + 2x^3; \quad v(x) = 6x^2 - 4x; \quad u'(x) = 4x^3 + 6x^2; \quad v'(x) = 12x - 4;$
$f'(x) = 36x^5 + 40x^4 - 32x^3$

c) $u(x) = x + 3; \quad v(x) = 2x - 1; \quad u'(x) = 1; \quad v'(x) = 2;$
$f'(x) = 4x + 5$

d) $u(x) = 2x^3; \quad v(x) = 3x - x^2; \quad u'(x) = 6x^2; \quad v'(x) = 3 - 2x;$
$f'(x) = 24x^3 - 10x^4$

e) $u(x) = \frac{1}{2}x^2 + 6x; \quad v(x) = \frac{3}{4}x - \frac{1}{6}x^3; \quad u'(x) = x + 6; \quad v'(x) = \frac{3}{4} - \frac{1}{2}x^2;$

$f'(x) = \frac{-5}{12}x^4 - 4x^3 + \frac{9}{8}x^2 + 9x$

f) $u(x)=3{,}5x^4-0{,}2x;\quad v(x)=8x^3;\quad u'(x)=14x^3-0{,}2;\quad v'(x)=24x^2;$
$f'(x)=196x^6-6{,}4x^3$

g) $u(x)=x^4-3x^2-5;\quad v(x)=6x^3;\quad u'(x)=4x^3-6x;\quad v'(x)=18x^2;$
$f'(x)=42x^6-90x^4-90x^2$

h) $u(x)=x^2+x+1;\quad v(x)=4x^3-x^4;\quad u'(x)=2x+1;\quad v'(x)=12x^2-4x^3;$
$f'(x)=-6x^5+15x^4+12x^3+12x^2$

6

a) $u(x)=\sqrt{x};\quad v(x)=x^2+3x;\quad u'(x)=\frac{1}{2\sqrt{x}};\quad v'(x)=2x+3$

$$f'(x)=\frac{1}{2\sqrt{x}}(x^2+3x)+\sqrt{x}(2x+3)=\frac{x^2}{2\sqrt{x}}+\frac{3x}{2\sqrt{x}}+2x\sqrt{x}+3\sqrt{x}$$
$$=\frac{1}{2}x\sqrt{x}+\frac{3}{2}\sqrt{x}+2x\sqrt{x}+3\sqrt{x}=\frac{5}{2}x\sqrt{x}+\frac{9}{2}\sqrt{x}$$

b) $u(x)=x;\quad v(x)=\sqrt{x};\quad u'(x)=1;\quad v'(x)=\frac{1}{2\sqrt{x}};$

$$f'(x)=\frac{3}{2}\sqrt{x}$$

c) $u(x)=\sqrt{x+1};\quad v(x)=x-2x^3;\quad u'(x)=\frac{1}{2\sqrt{x+1}};\quad v'(x)=1-6x^2;$

$$f'(x)=\frac{x-2x^3}{2\sqrt{x+1}}+\sqrt{x+1}-6x^2\sqrt{x+1}$$

d) $u(x)=x^2;\quad v(x)=\sqrt{x+1};\quad u'(x)=2x;\quad v'(x)=\frac{1}{2\sqrt{x+1}};$

$$f'(x)=2x\sqrt{x+1}+\frac{x^2}{2\sqrt{x+1}}$$

e) $u(x)=x;\quad v(x)=\sqrt{x}-1;\quad u'(x)=1;\quad v'(x)=\frac{1}{2\sqrt{x}};$

$$f'(x)=\frac{3}{2}\sqrt{x}-1$$

f) $u(x)=\sqrt{x};\quad v(x)=\sqrt{x+1};\quad u'(x)=\frac{1}{2\sqrt{x}};\quad v'(x)=\frac{1}{2\sqrt{x+1}};$

$$f'(x)=\frac{\sqrt{x+1}}{2\sqrt{x}}+\frac{\sqrt{x}}{2\sqrt{x+1}}=\frac{2x+1}{2\sqrt{x}\,\sqrt{x+1}}$$

g) $u(x) = x^2 + 3x + 6; \quad v(x) = \sqrt{x}; \quad u'(x) = 2x + 3; \quad v'(x) = \frac{1}{2\sqrt{x}};$

$$f'(x) = \frac{5}{2} x\sqrt{x} + \frac{9}{2}\sqrt{x} + \frac{3\sqrt{x}}{x}$$

h) $u(x) = \sqrt{x} + 2; \quad v(x) = 4 - \sqrt{x}; \quad u'(x) = \frac{1}{2\sqrt{x}}; \quad v'(x) = -\frac{1}{2\sqrt{x}}$

$$f'(x) = \frac{\sqrt{x}}{x} - 1$$

7

a) $u(x) = (x+1)(x^2-1); \quad v(x) = 3x + x^2; \quad u'(x) = 3x^2 + 2x - 1;$
$v'(x) = 3 + 2x; \quad f'(x) = 5x^4 + 16x^3 + 6x^2 - 8x - 3$

b) $u(x) = (x-2)(x-3); \quad v(x) = x - 4; \quad u'(x) = 2x - 5;$
$v'(x) = 1; \quad f'(x) = 3x^2 - 18x + 26$

c) $u(x) = (x^2+3)(x^2-x); \quad v(x) = x^3 + 2x^2; \quad u'(x) = 4x^3 - 3x^2 + 6x - 3;$
$v'(x) = 3x^2 + 4x; \quad f'(x) = 7x^6 + 6x^5 + 5x^4 + 12x^3 - 18x^2$

d) $u(x) = \sqrt{x} \cdot 5x^2; \quad v(x) = x - 3; \quad u'(x) = \frac{25}{2} x\sqrt{x}; \quad v'(x) = 1;$

$$f'(x) = \frac{35}{2} x^2\sqrt{x} - \frac{75}{2} x\sqrt{x}$$

e) $u(x) = x \cdot \sqrt{x}; \quad v(x) = x + 3; \quad u'(x) = \frac{3}{2}\sqrt{x}; \quad v'(x) = 1;$

$$f'(x) = \frac{5}{2} x\sqrt{x} + \frac{9}{2}\sqrt{x}$$

8

a) $f(x) = 8x^6; \quad f'(x) = 48x^5$

b) $f(x) = 2x^5(2x + 3x^2); \quad f'(x) = 24x^5 + 42x^6$

c) $f(x) = 5x^2(2x - 3); \quad f'(x) = 30x^2 - 30x$

d) $f(x) = x(x^2 - 4); \quad f'(x) = 3x^2 - 4$

9

a) $f'(x) = 1 - \frac{1}{x^2} = \frac{x^2 - 1}{x^2}$

b) $u'(x) = 2x; \quad v'(x) = 1;$ aus 3. ergibt sich das Ergebnis von **a)**.

10

a) $u(x) = 2x^2 + 3;\quad v(x) = x - 1;\quad u'(x) = 4x;\quad v'(x) = 1;$

$$f'(x) = \frac{2x^2 - 4x - 3}{(x-1)^2}$$

b) $u(x) = x^2 + 4x;\quad v(x) = x^2 - 5;\quad u'(x) = 2x + 4;\quad v'(x) = 2x;$

$$f'(x) = \frac{-4x^2 - 10x - 20}{(x^2-5)^2}$$

c) $f'(x) = \dfrac{-4x^2 + 2x + 2}{(x^2+2x)^2}$

d) $f'(x) = \dfrac{-2}{(x-1)^2}$

e) $f'(x) = \dfrac{-x^2 - 3}{(x^2-3)^2}$

f) $f'(x) = \dfrac{-4x - 6}{(x^2+3x)^2}$

g) $f'(x) = \dfrac{x^2 - 6x - 6}{(x-3)^2}$

h) $f'(x) = \dfrac{-2x^2 - 20x + 15}{(2x^2-3x)^2}$

11

a) $f'(x) = \dfrac{x^2 + 4x + 10}{(x+2)^2}$

b) $f'(x) = \dfrac{-4x}{(x^2-1)^2}$

c) $f'(x) = \dfrac{x^4 + 12x^3 + 4x^2 - 2x - 6}{(x^2+6x)^2}$

d) $f'(x) = \dfrac{-2x + 6}{(x^2-6x+5)^2}$

e) $f'(x) = \dfrac{-x^4 + 3x^2}{(1-x^2)^2}$

f) $f'(x) = \dfrac{-x^2 + 4x - 3}{(x^2-x-1)^2}$

g) $f'(x) = \dfrac{8}{(2-x)^2}$

h) $f'(x) = \dfrac{-4x^2 + 4x}{(3x^2-2x+1)^2}$

12

a), b) $f'(x) = 18x + 6$

13

a) $u = x - 2 = g(x);\qquad h(u) = u^4$

b) $u = x^2 + 1 = g(x);\qquad h(u) = \dfrac{1}{u}$

c) $u = 3x + 1 = g(x);\qquad h(u) = \sqrt{u}$

d) $u = x - 4 = g(x);\qquad h(u) = \sqrt[3]{u}$

e) $u = x + 3 = g(x);\qquad h(u) = \dfrac{1}{u^2} = u^{-2}$

f) $u = x - 1 = g(x);\qquad h(u) = \dfrac{1}{\sqrt{u}} = \dfrac{1}{u^{\frac{1}{2}}} = u^{-\frac{1}{2}}$

14

a) $u = 3x + 1 = g(x);\quad h(u) = u^2;$
$g'(x) = 3;\quad h'(u) = 2u$

b) $h'(u) \cdot g'(x) = 2u \cdot 3 = 2(3x + 1) \cdot 3 = 18x + 6 = f'(x)$

15

a) $u = g(x) = 5x + 8;\quad h(u) = u^7;\quad g'(x) = 5;\quad h'(u) = 7u^6;$
$f'(x) = 7u^6 \cdot 5 = 35(5x + 8)^6$

b) $u = g(x) = x^2 + x;\quad h(u) = u^4;\quad g'(x) = 2x + 1;\quad h'(u) = 4u^3;$
$f'(x) = 4u^3 \cdot (2x + 1) = (8x + 4) \cdot (x^2 + x)^3$

c) $f'(x) = (12x - 9)(2x^2 - 3x + 4)^2$

d) $f'(x) = 6(x - 1)^5$

e) $f'(x) = -\dfrac{1}{u^2} \cdot 3 = \dfrac{-3}{(3x - 5)^2}$

f) $f'(x) = -\dfrac{1}{u^2} \cdot (8x + 2) = \dfrac{-8x - 2}{(4x^2 + 2x)^2}$

g) $f'(x) = \dfrac{-2x - 3}{(x^2 + 3x - 4)^2}$

h) $f'(x) = \dfrac{-3x^2 - 2x}{(x^3 + x^2)^2}$

16

a) $u = g(x) = 3x + 1;\quad h(u) = \sqrt{u};\quad g'(x) = 3;\quad h'(u) = \dfrac{1}{2\sqrt{u}};$

$f'(x) = \dfrac{1}{2\sqrt{u}} \cdot 3 = \dfrac{3}{2\sqrt{3x + 1}}$

b) $f'(x) = \dfrac{1}{2\sqrt{x - 1}}$

c) $f'(x) = \dfrac{x}{\sqrt{x^2 + 3}}$

d) $f'(x) = \dfrac{1}{2\sqrt{x^2 - 2x + 2}} \cdot (2x - 2) = \dfrac{x - 1}{\sqrt{x^2 - 2x + 2}}$

e) $f'(x) = \dfrac{3x^2+1}{2\sqrt{x^3+x}}$ **f)** $f'(x) = \dfrac{1}{2\sqrt{x-1}}$

g) $u = x+3 = g(x);\quad h(u) = \dfrac{1}{\sqrt{u}} = u^{-\frac{1}{2}};\quad g'(x) = 1;\quad h'(u) = -\dfrac{1}{2}u^{-\frac{3}{2}}$

$$f'(x) = -\frac{1}{2}u^{-\frac{3}{2}}\cdot 1 = -\frac{1}{2\sqrt{u^3}} = -\frac{1}{(2x+6)\sqrt{x+3}}$$

h) $u = x^2+3x = g(x);\quad h(u) = \dfrac{1}{\sqrt{u}} = u^{-\frac{1}{2}};\quad g'(x) = 2x+3;$

$$h'(u) = -\frac{1}{2}u^{-\frac{3}{2}};\quad f'(x) = -\frac{1}{2\sqrt{u^3}}(2x+3) = \frac{-2x-3}{(2x^2+6x)\sqrt{x^2+3x}}$$

17

a) Quotientenregel: $f'(x) = \dfrac{1}{(x+1)^2}$

b) Kettenregel: $f'(x) = \dfrac{2x+1}{(x^2+x+1)^2}$ (oder Quotientenregel)

c) Kettenregel: $f'(x) = 6(2x-1)^2$

d) Produktregel: $f'(x) = 4x^3+12x^2+4$

e) Kettenregel: $f'(x) = \dfrac{-2}{(x+1)^3}$

f) Quotientenregel: $f'(x) = \dfrac{(x+1)^2 - x\cdot 2(x+1)}{(x+1)^4} = \dfrac{x+1-2x}{(x+1)^3} = \dfrac{-x+1}{(x+1)^3}$

g) Produktregel: $f'(x) = 2 + \dfrac{-x^2-3}{x^2} = \dfrac{2x^2-x^2-3}{x^2} = \dfrac{x^2-3}{x^2}$
(oder Quotientenregel)

h) Kettenregel: $f'(x) = \dfrac{-35}{(7x-10)^2}$ (oder Quotientenregel)

18

a) Kettenregel: $f'(x) = (3+12x)(x+2x^2)^2$

b) Kettenregel: $f'(x) = \dfrac{-2x}{(x^2+3)^2}$

c) Quotientenregel: $f'(x) = \dfrac{6x}{(x^2+3)^2}$

d) Funktionsterm umformen zu $f(x) = \sqrt{x(x+1)} = \sqrt{x^2+x}$,

dann Kettenregel: $f'(x) = \dfrac{2x+1}{2\sqrt{x^2+x}} = \dfrac{2x+1}{2\sqrt{x}\,\sqrt{x+1}}$

e) Quotientenregel: $f'(x) = \dfrac{x^2+2}{x^2} = 1 + \dfrac{2}{x^2}$

f) Kettenregel: $f'(x) = \dfrac{-1}{\sqrt{(x-2)^3}} = \dfrac{-1}{(x-2)\sqrt{x-2}}$

10. Anwendungen IV – Extremwertaufgaben mit Nebenbedingungen

1 **a)** – **b)** Oberfläche ist bekannt, Volumen soll maximal sein.

c) $O = 2a^2 + 4ab$; $V = a^2 \cdot b$

d)

O	100	100	100	100	100
a	2	3	4	5	6
b	11,5	$6{,}8\overline{3}$	4,25	2,5	$1{,}1\overline{6}$
V	46	61,5	68	62,5	42

2 **a)** – **b)** Rechtecksfläche: $A(r; a) = 2r \cdot a$

c) $u = 2a + 2\pi r = 400\ \text{m}$

d) $a = 200 - \pi r$; $A(r) = 400r - 2\pi r^2$

e) $A'(r) = 400 - 4\pi r$; Nullstelle: $r = \dfrac{100}{\pi} \approx 31{,}8\ \text{m}$

f) $A''(r) = -4\pi < 0$ für alle r $\Rightarrow$ bei $r = \dfrac{100}{\pi}$ rel. Maximum

g) $a = 200 - \pi \cdot \dfrac{100}{\pi} = 100\ \text{m}$; $A_{max} = 2 \cdot \dfrac{100}{\pi} \cdot 100 = \dfrac{20\,000}{\pi} \approx 6\,366{,}2\ \text{m}^2$

3

a) $V(a; c) = a \cdot (a+10) \cdot c = a^2c + 10ac$

b) $200\text{ cm} = 4a + 4(a+10) + 4c = 8a + 4c + 40$

c) $c = 40 - 2a; \quad V(a) = -2a^3 + 20a^2 + 400a$

d) $V'(a) = -6a^2 + 40a + 400; \quad a = \frac{10}{3} + \frac{10}{3}\sqrt{7} \approx 12{,}2\text{ cm}$ rel. Maximum

e) $b \approx 22{,}2\text{ cm}; \quad c \approx 15{,}6\text{ cm}; \quad V_{max} \approx 4225{,}1\text{ cm}^3$

4

Extremalbedingung: $A(r; h) = 2r \cdot h$

Nebenbedingung: $u = 2r + 2h + \pi \cdot r = 10\text{ m} \Rightarrow h = \frac{10 - 2r - \pi r}{2}$

Zielfunktion: $A(r) = 10r - (2+\pi) \cdot r^2$

$A'(r) = 10 - (4 + 2\pi)r; \quad r = \frac{5}{2+\pi} \approx 0{,}97\text{ m}$ rel. Maximum;

$h \approx 2{,}51\text{ m}; \quad A_{max} \approx 4{,}87\text{ m}^2$

5

a) Extremalbedingung: $A(x; y) = 2x \cdot y$

b) Nebenbedingung: $\frac{h}{3} = \frac{h-y}{x}$

$\Rightarrow$ (mit $h = \frac{a}{2}\sqrt{3} = 3\sqrt{3}$) $\quad y = -x\sqrt{3} + 3\sqrt{3}$

c) Zielfunktion: $A(x) = -2\sqrt{3}x^2 + 6\sqrt{3}x$
$A'(x) = -4\sqrt{3}x + 6\sqrt{3}; \quad x = 1{,}5$ rel. Maximum

d) Seitenlängen des maximalen Rechtecks: $2x = 3\text{ cm}$, $y = 1{,}5\sqrt{3} \approx 2{,}6\text{ cm}$
Flächeninhalt: $A_{max} = 4{,}5\sqrt{3} \approx 7{,}8\text{ cm}^2$

6

Zeichnung wie in Aufgabe **5**, x ist Radius, y Höhe des gesuchten Zylinders, $a = d$.
Extremalbedingung: $V(x; y) = \pi x^2 \cdot y$

Nebenbedingung: $\left(h = \frac{a}{2}\sqrt{3} = 5\sqrt{3}\text{ cm}\right): \quad \frac{h}{5} = \frac{h-y}{x} \quad \Rightarrow \quad y = -x\sqrt{3} + 5\sqrt{3}$

Zielfunktion: $V(x) = -\pi\sqrt{3}\,x^3 + \pi \cdot 5\sqrt{3} \cdot x^2$

$V'(x) = -\pi\, 3\sqrt{3}\,x^2 + \pi \cdot 10\sqrt{3}\,x$; $\quad x = \frac{10}{3}$ cm rel. Maximum

Höhe des max. Zylinders: $y = \frac{5}{3}\sqrt{3} \approx 2{,}9$ cm; $\quad V_{max} = \frac{500}{27}\sqrt{3}\,\pi \approx 100{,}8\ \text{cm}^3$

7

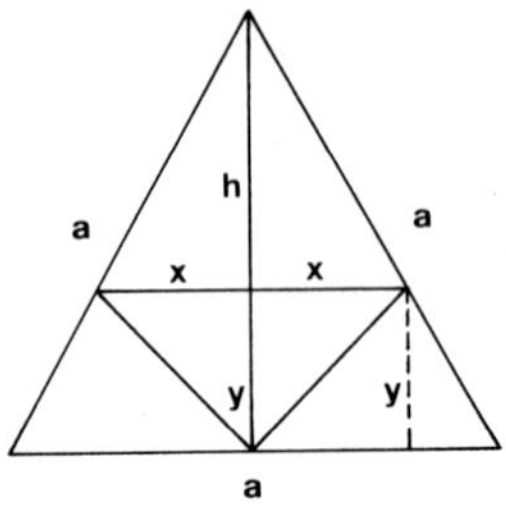

Gesuchtes Dreieck:
Grundseite $2x$; Höhe y

Extremalbedingung: $A(x, y) = \frac{1}{2} \cdot 2x \cdot y = x \cdot y$

Nebenbedingung: $\left(h = \frac{a}{2}\sqrt{3} = 5\sqrt{3}\ \text{cm}\right)$: $\quad y = -\sqrt{3}\,x + 5\sqrt{3}$ (vgl. Aufg. 6)

Zielfunktion: $A(x) = -\sqrt{3}\,x^2 + 5\sqrt{3}\,x$

$A'(x) = -2\sqrt{3}\,x + 5\sqrt{3}$; $\quad x = 2{,}5$ cm rel. Maximum

Gesuchtes Dreieck: Grundseite 5 cm, Höhe $2{,}5\sqrt{3} \approx 4{,}3$ cm,
Flächeninhalt $6{,}25 \cdot \sqrt{3} \approx 10{,}8\ \text{cm}^2$

8

a) $V(a; b) = \pi \cdot \left(\frac{a}{2}\right)^2 \cdot b = \frac{\pi}{4}\,a^2 \cdot b$

b) $r^2 = \left(\frac{a}{2}\right)^2 + \left(\frac{b}{2}\right)^2 \quad \Rightarrow \quad a^2 = 4r^2 - b^2 = 100 - b^2$

c) $V(b) = 25\pi \cdot b - \frac{\pi}{4}\,b^3$; $\quad V'(b) = 25\pi - \frac{3\pi}{4}\,b^2$

$b = \frac{10}{\sqrt{3}} = \frac{10}{3}\sqrt{3} \approx 5{,}8$ cm rel. Max.; $\quad a = 10 \cdot \sqrt{\frac{2}{3}} = \frac{10}{3}\sqrt{6} \approx 8{,}2$ cm

$V_{max} = \frac{500}{9}\sqrt{3} \cdot \pi \approx 302{,}3\ \text{cm}^3$

9

Gesuchter Zylinder: Radius $\frac{a}{2}$; Höhe b (Zeichnung wie in **8**)

Extremalbedingung: $V(a;\, b) = \pi \cdot \left(\frac{a}{2}\right)^2 \cdot b = \frac{\pi}{4} a^2 \cdot b$

Nebenbedingung (r = 30 cm): $r^2 = \left(\frac{a}{2}\right)^2 + \left(\frac{b}{2}\right)^2 \Rightarrow a^2 = 3600 - b^2$

Zielfunktion: $V(b) = \frac{\pi}{4}(3600 - b^2) \cdot b = 900\pi b - \frac{\pi}{4} b^3$

$V'(b) = 900\pi - \frac{3\pi}{4} b^2$; $b = 20\sqrt{3} \approx 34{,}6$ cm rel. Maximum

$a = 20\sqrt{6} \approx 49{,}0$ cm; $V_{max} = 12\,000\sqrt{3}\,\pi \approx 65\,296{,}8\ \text{cm}^3$

Test

1 **a)** Wendepunkt $(2 \mid -61)$; Wendetangente: t: $y = -60x + 59$

b) Wendepunkte $(-3 \mid -75{,}5)$ oder $\left(\frac{2}{3} \,\middle|\, -\frac{71}{81}\right)$;

Wendetangenten: t: $y = 45x + 59{,}5$ oder t: $y = -\frac{116}{27}x + \frac{161}{81}$

2

a) keine Extrema, Wendepunkt (Sattelpunkt) bei $x = 0$

b) rel. Minimum bei $x = -4{,}5$; Wendepunkte bei $x = -3$ oder $x = 0$ (Sattelpunkt)

3

a) $f'(x) = -144x^5 + 10x^4 + 20x^3 + 32x - 8$

b) $f'(x) = (8x - 16)(x^2 - 4x)^3$

c) $f'(x) = \frac{-12x^3 - 9x^2 + 4}{(2x + 1)^2}$

d) $f'(x) = \frac{(x - 1)^2 - (x + 1) \cdot 2 \cdot (x - 1)}{(x - 1)^4} = \frac{-x - 3}{(x - 1)^3}$

4

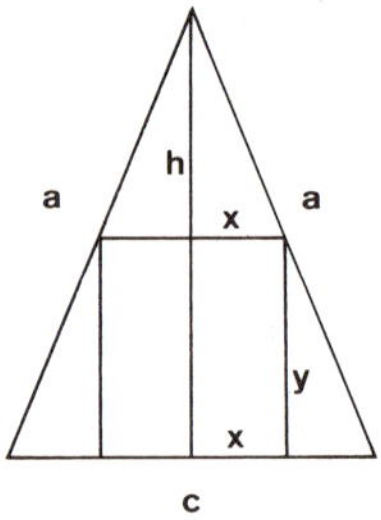

$$h = \sqrt{a^2 - \left(\frac{c}{2}\right)^2} = 4\text{ cm}$$

Extremalbedingung: $A(x; y) = 2x \cdot y$

Nebenbedingung: $\frac{h}{3} = \frac{h-y}{x}$ (2. Strahlensatz) $\Rightarrow y = 4 - \frac{4}{3}x$

Zielfunktion: $A(x) = 8x - \frac{8}{3}x^2$; $A'(x) = 8 - \frac{16}{3}x$

$x = 1{,}5$ cm rel. Maximum; $y = 2$ cm; $A_{max} = 6\text{ cm}^2$